统编版 语文教材配套阅读丛书

细菌世界历险记

高士其／著

刘敬余／主编

刘　晔／编者

北京出版集团公司
北京教育出版社

图书在版编目（CIP）数据

细菌世界历险记/高士其著. —北京：北京教育出版社，2018.5
（统编版语文教材配套阅读丛书/刘敬余主编）
ISBN 978-7-5704-0283-0

Ⅰ.①细… Ⅱ.①高… Ⅲ.①细菌–少儿读物 Ⅳ.
①Q939.1–49

中国版本图书馆CIP数据核字（2018）第116633号

统编版语文教材配套阅读丛书

细菌世界历险记

刘敬余/主编

*

北 京 出 版 集 团 公 司　出版
北 京 教 育 出 版 社
（北京北三环中路6号）
邮政编码：100120

网址：www.bph.com.cn

北京出版集团公司总发行
全 国 各 地 书 店 经 销
三河市骏杰印刷有限公司印刷

*

710mm×1000mm　16开本　14印张　240千字
2018年5月第1版　2019年5月第2次印刷

ISBN 978-7-5704-0283-0

定价：29.80元

序言
Preface

　　随着社会科技的发展，人们已经有了更多的选择去填充自由闲暇的时光。有人沉浸于全民狂欢的某种游戏，有人着迷于喧嚣热闹的综艺节目……一杯茶、一盏灯、一本书，此情此境里，还有多少人愿意做那个捧书人呢？有些人已经物化为机械电子装置的一部分，不再喜欢简简单单的读书活动。

　　正是因为这样，国家才提倡"全民阅读"，提倡阅读经典。因为娱乐只是一场过境不停的风暴，真正跨越时间长河的是经典带来的最初的感动和肃穆的仪式感。所以，我国近些年的语文教育特别注重经典文学作品的阅读与考查。现在的统编版教材更是提倡学生大量阅读世界文学经典，每个年级都列出了对应学生水平的阅读书目，提供阅读方法，为学生做出阅读规划，引领学生更轻松愉悦地阅读名著。

　　在这一背景下，我们策划了这套"统编版语文教材配套阅读丛书"，邀请了众多名师共同研究新教材，根据新教材的特点，秉持"读名著 学语文"这一阅读理念，以名著常考考点为依据，为学生制定了阅读方案，通过各种栏目帮助学生更好地阅读名著、理解名著，以期让学生得到更丰厚的收获！为此，我们做了以下工作：

一、根据教育部统一编写的最新教材选择书目

　　根据教育部统一编写的最新语文教材中指定阅读和推荐阅读的名著为

学生选择书目，并与教材规定的年级基本对应，让学生根据教材进行同步阅读，更有利于学生的阅读与学习。

二、邀请名师结合小考考点制定名师导读方案

为了帮助学生更好地理解名著，更充分地备考，我们邀请名师结合小考名著常考考点特地为学生制定了一整套阅读方案，包括作家简介、作品的主要内容和主题、人物形象特点、作品语言等。这套阅读方案可以帮助学生快速而深刻地理解名著，把握常考考点，提高考试成绩，进而对名著产生更浓厚的兴趣。

三、精心讲解适合学生的阅读方法

新版语文教材强调阅读方法，为此，我们邀请名师专门根据新教材阅读推荐的部分，结合具体阅读内容，为学生讲解、总结适合他们现阶段阅读水平的阅读方法，比如精读法、跳读法、做读书笔记、摘抄、写阅读心得等。

四、制作"名师微课"，视频讲解如何学会阅读名著

邀请名师讲解名著，教学生学会阅读名著，并从名著当中学习写作方法，制作成视频，扫二维码即可听课，有助于学生提高考试成绩。

除此之外，本套书还配合新教材的阅读理念为学生制定阅读记录卡，提出阅读建议，在文后提供优秀的读后感。同时，为了提高学生的成绩，我们还提供了历年小考真题和阅读自我测试题，帮助学生把握考点，进行有针对性的阅读训练。我们希望通过我们的努力，为学生提供一套集鉴赏性和实用性为一体的经典名著阅读指导书，为学生阅读尽绵薄之力！

编 者

·阅读有方法·

经典名著是在时光的蚌壳中生成的珍珠，因岁月的积淀、文化的浸染而熠熠生辉。

那么，我们怎样阅读才能更好地把握名著，体会其熠熠光华呢？

著名学者胡适先生说读书要做到"四到"：眼到、口到、心到、手到。这对我们阅读名著有一定的启发。此外，现在小考对经典名著的考查不仅要求考生关注"作品内容""主要人物""作品思想意义和价值取向"，而且要求考生对作品"有自己独特的感受和体验"，通过阅读作品"获得对自然、社会、人生的有益启示"，这就更需要我们用"眼"读，用"口"读，用"心"读，用"笔"读。

我们可具体从以下几方面入手：

关注名著的序、跋和回目等

读名著前先阅读序和跋，这样我们能在最短时间内了解全书的大概内容、时代背景、作者情况和写作意旨，从而快速有效地理解作品。文学作品往往结构复杂，线索繁多，根据其回目，我们可以提纲挈领地把握全书结构，提取内容要点。

如足本《西游记》的第一回是"灵根育孕源流出　心性修持大道生"，

第二回是"悟彻菩提真妙理　断魔归本合元神"，第三回是"四海千山皆拱伏　九幽十类尽除名"，第四回是"官封弼马心何足　名注齐天意未宁"，第五回是……

每一个回目都是一个完整的故事，从孙悟空出世，写到孙悟空拜师；从孙悟空大闹天宫，写到孙悟空被封为弼马温……了解了回目名称，也就读懂了故事的发展过程。

跳读和精读相结合

根据阅读目的的不同，我们采用的阅读方法也会有所不同。

如果想要快速阅读名著以了解其大意，我们可以采用跳读的方法。跳读要求读者有选择地进行阅读，可跳过某些细节，或者只对与阅读目的关系不太紧密的内容或某些不太精彩的章节进行浏览，以求抓住文章的梗概，从而提高阅读速度。

比如古典名著往往回目众多，篇幅很长，其中一些描写人物外貌、打斗场面或环境气氛的语句，多多少少都有一些夸饰渲染的痕迹，我们如果只想了解大致情节，就可以采用跳读的方法，对这些一带而过。

如我们想要了解足本《西游记》第六回"观音赴会问原因　小圣施威降大圣"的大致情节，就可以对相关段落中孙悟空变化的鱼儿、二郎神变化的飞禽等繁复的外形描写进行浏览，一带而过。

而当需要对重要的语句和章节所表达的思想内容、塑造的人物形象做到透彻理解、精准把握时，我们可以采用精读的方法，深入细致地研读，逐字逐句地理解、分析与感悟。精读时，我们要注重情感体验和创造性地理解，对名著中的重要情节、精彩片段、话外之音细细品读，品味其构思的奇巧，揣摩其布局的精妙，欣赏其语言的优美，等等，进而获取情感体验，接受艺术熏陶。

如鲁迅《朝花夕拾》中《五猖会》一篇里有这样一段话：

我忐忑着，拿了书来了。他使我同坐在堂中央的桌子前，教我一句一句地读下去。我担着心，一句一句地读下去。

两句一行，大约读了二三十行罢，他说：

"给我读熟。背不出，就不准去看会。"

他说完，便站起来，走进房里去了。

我似乎从头上浇了一盆冷水。但是，有什么法子呢？自然是读着，读着，强记着，——而且要背出来。

当我们读到"我似乎从头上浇了一盆冷水"这一句时，结合当时的情境和自己的日常生活经历，仔细琢磨体会，就能感受到这个质朴而形象的比喻句中蕴含着作者当时的内心情感：作者在热切盼望着赶往会场时，却被父亲要求背书，这是多么无奈、失望和痛苦哇！

二 不动笔墨不读书

这是历代学者总结出来的读书经验，因此我们要养成做读书笔记的好习惯。做笔记有许多益处：助记忆、储资料、促思考、提效率。

（1）写一写批注

小到字词，大到重点、难点，都可在书上画线或做上各种符号圈点；稍纵即逝的零思碎想，亦可在书的"天头""地脚"或其他空白处做眉批、脚注或旁批，以备参考。

如足本《水浒传》中"浔阳楼宋江题反诗"一节中写道：

（宋江）乘其酒兴，磨得墨浓，蘸得笔饱，去那白粉壁上，挥毫便写道：

自幼曾攻经史，长成亦有权谋。恰如猛虎卧荒丘，潜伏爪牙忍受。不幸刺文双颊，那堪配在江州。他年若得报冤仇，血染浔阳江口。

宋江写罢，自看了大喜大笑；一面又饮了数杯酒，不觉欢喜，自狂荡起来，手舞足蹈，又拿起笔来，去那《西江月》后，再写下四句诗，道是：

心在山东身在吴，飘蓬江海谩嗟吁。他时若遂凌云志，敢笑黄巢不丈夫！

宋江写罢诗，又去后面大书五字道："郓城宋江作。"

一位同学读及此处，便在文字旁边的空白处批注道：

触景生情，言为心声。宋江写在白粉壁上的诗虽然直白粗俗，却是心声的反映。"有感而发"想来是至理名言。

如此批注，可见这位同学是将自己"放入"了作品中，是读者与作品中的人物同呼吸、共命运的体现。同时，将自己的阅读感受真实地表述出来，有助于深入地理解作品。

（2）做一做摘抄

名著中总有一些精彩的语言，让我们回味无穷。

如足本《水浒传》中写武松：

身躯凛凛，相貌堂堂。一双眼光射寒星，两弯眉浑如刷漆。胸脯横阔，有万夫难敌之威风；语话轩昂，吐千丈凌云之志气。心雄胆大，似撼天狮子下云端；骨健筋强，如摇地貔貅临座上。如同天上降魔主，真是人间太岁神。

这段话运用了比喻、对偶、夸张等修辞手法，将武松的外貌描写得生动形象，使读者如见其人、如观其形。有同学在阅读时，将"身躯凛凛，相貌堂堂。一双眼光射寒星，两弯眉浑如刷漆"摘抄下来，不仅丰富了自己的词汇量，而且在写作时也可以学以致用。

我们在读到这些好的句子或精彩的情节时，也可以将其抄录到摘抄本上，这样随着阅读量的增加，积累的精彩句段也就会越来越多，对我们的阅读和写作都非常有帮助。

（3）写一写心得

写心得时我们不必拘泥于某一固定形式，或有感而发补充论证，或评论得失指摘错误，或自悟自得抒发情感，可随时将阅读中产生的想法、获得的感悟写作成文。

如读完《假如给我三天光明》后，有同学写了一篇感悟，片段如下：

读完海伦·凯勒的故事，我突然想起了法布尔笔下的蝉。我想，海伦·凯勒也像一只蝉吧，她因目盲而被囚于黑暗之中，不得见一缕阳光，一朵花红，一片云白……然而，岁月的黑暗没有消磨她的意志，没有让她气馁，她像一只在黑暗中努力生长的蝉，不断蓄积力量，只为有一天可以在太阳下嘹亮地歌唱。哦，不，她也不能歌唱，可是，她羸弱的身体里发出的生命强音，不比任何一种歌唱都更嘹亮、更动人吗？

这位同学写的这段感悟，显然是有感而发，抓住了海伦·凯勒精神的实质，而且还能把《假如给我三天光明》和《昆虫记》两部名著结合起来，找到精神共同点，可见阅读量越大，思考越深入，越能对阅读的各种内容融会贯通。

以上是我们大致讲的一些阅读名著的方法。其实阅读方法还有很多，但是篇幅有限，不能穷尽，而且每个人的阅读水平、阅读目的不同，所采用的方法也会不同，这还需要同学们在阅读中逐渐摸索，不断钻研，从而更有效率地阅读名著，体会文学的魅力，提升自己的内涵和修养！

✐个基本知识点

●作家简介

高士其（1905—1988），闽县（今属福州市）鳌峰坊人。中国著名科学家、科普作家和社会活动家，中国科普硕士、科普事业的先驱和奠基人。

1918年，高士其考入清华留美预备学校（清华大学前身），获得多个科目的优等奖章。1925被保送去美国威斯康星大学留学，后转入芝加哥大学。1927年毕业，留校攻读细菌学医学博士课程。在研究脑炎病毒时，染上脑炎，留下严重的后遗症，最后全身瘫痪。1930年回国后历任南京中央医院检验科主任、《自然科学》副主编等职。1933年开始发表作品。半个世纪中，他在轮椅和病床上写下了数百万字的科学小品、科学童话故事和多种形式的科普文章，主要有：《揭穿小人国的秘密》《生命的起源》《和传染病做斗争》《我们的土壤妈妈》等。他的作品融科学、文学与政论为一体，夹叙夹议，既通俗浅显，又生动形象，并富有见地，别具一格，为中国科普事业打下了良好的基础。

3 个能力提升点

一、了解细菌的来龙去脉，积累科学知识

高士其以幽默的笔调，轻松活泼、通俗易懂的语言介绍了枯燥难懂的科学知识，为我们积累科学知识提供了良好的途径。

比如：在《菌儿自传》中，他介绍了细菌的种类、大小以及它们被人类发现的历程等，使读者对细菌这一我们每天都会接触但是又难以看见的微生物有了详细的了解。

二、培养卫生习惯，提高健康意识

了解了关于细菌的知识，我们就知道了很多不好的习惯都容易导致细菌的滋生，比如饭前不洗手，很容易把手上的有害细菌带到体内，可能会导致生病。了解了这些，我们就会提高健康意识，在日常生活中养成良好的卫生习惯。

三、学习体会优美生动的语言，提高写作水平

这虽然是一部介绍科学知识的科普作品，可是它却不像一般的科普作品那样枯燥无味，这是因为作者运用了大量的比喻、排比、拟人等修辞手法，语言活泼风趣，读者在阅读时会感到轻松愉悦。

比如："那些像小纸伞似的东西，黑圆圆的盖，硬短短的柄，实是我们菌族里的大汉。"

1 个感悟点

文学作品问世之后会遇到各种各样的读者。因为读者的经历、知识和看待问题的角度不同，所以，每个读者对作品的体会也是不一样的。我们在阅读文学作品时要有自己的体会，这样才能有所收获。

这虽然是一部介绍科学知识的客观性作品，但是作者写的时候却充满了主观情感。特别是在写《菌儿自传》时，正当日本侵略中国，作者怀着悲愤的心情，谴责了卑劣的入侵者，鼓舞中国人民团结起来，行动起来，赶走日本侵略者，取得民族独立。

比如："这种侵略人、兽的大举有些像帝国主义者的行为，虽然那不过是我族中少数有势有力的少壮细胞所干的事，帝国主义者侵略弱小民族也并不是他们国内全体人民的意愿哪。"这句话谴责了帝国主义国家侵略其他国家的卑劣行径。

目录

Contents

科学童话：菌儿自传

　　《菌儿自传》是高士其的代表作，全书以菌儿自述的方式写成。菌儿是千千万万细菌中的一员。在高士其笔下，菌儿时而在呼吸道里探险，时而在肠腔里开会，他生动地把一个个高深莫测的小细菌描写得淋漓尽致。高士其以幽默的笔调、通俗易懂的语言，把只能在显微镜下现出原形的微生物展现在我们面前，为我们积累科学知识提供了途径。

CHAPTER

我的名称

这一篇文章，是我老老实实的自述，是请一位曾直接和我见过几面的人笔记出来的。

我自己不会写字，写出来，就是蚂蚁也看不见。

我也不曾说话，就是有一点声音，恐怕苍蝇也听不到。

那么，这位笔记的人，怎样接收我心里所要说的话呢？

那是暂时的一种秘密，恕我不公开吧。

闲话少讲，且说我为什么自称作"菌儿"。

我原想取名为微子，可惜中国的古人，已经用过了这名字，而且我嫌"子"字有点大人气，不如"儿"字谦卑。

自古中国的皇帝，都称为天子。这明明要挟老天爷的声名架子，以号召群众，使小百姓们吓得不敢抬头。古来的圣贤名哲，又都好称为子，什么老子、庄子、孔子、孟子……"子"字未免太名贵了，太大模大样了，不如"儿"字来得小巧而逼真。

我的身躯，永远是那么幼小。人家由一粒细胞出身，能积成几千、几万、几万万。细胞变成一根青草、一棵白菜、一株挂满绿叶的大树，或变成一条蚯蚓、一只蜜蜂、一条大狗、一头大牛，乃至于大象、大鲸，看得见，摸得着。我呢，也是由一粒细胞出身，虽然分得格外快，格外多，但只恨它们不争气，不团结，所以变来变去，总是那般一盘散沙似的，孤单单的，一颗一颗，又短又细又寒酸。惭愧惭愧，因此今日自命作"菌儿"。为"儿"的原因，是小。

至于"菌"字的来历，实在很复杂，很渺茫。屈原所作《离骚》中，有这么一句："杂申椒与菌桂兮，岂惟纫夫蕙茝。"这里的"菌"，是指一种香木。这位失意的屈先生，拿它来比喻贤者，以讽刺楚王。我的老祖宗有没有那样清高，那样香气熏人，也无从查考。

不过，现代科学家都已承认，菌是生物中之一大类。菌族菌种，很多很杂，菌子菌孙，布满地球。你们人类所最熟识者，就是煮菜煮面所用的蘑菇、香蕈之类，那些像小纸伞似的东西，黑圆圆的盖，硬短短的柄，实是我们菌族里的大汉。【🔍比喻：把蘑菇、香蕈这等菌类比作大汉，生动形象地说明了在体形微小的菌类世界中，蘑菇、香蕈等已经算是体形巨大的种类了。】当心哪！勿因味美而忘毒，那大菌，有的很不好惹，会毒死你们贪吃的人哪。

至于我，我是菌族里最小最小、最轻最轻的一种。小得使你们肉眼看得见灰尘的纷飞，看不见我们也夹在里面飘游。轻得我们好几十万挂在苍蝇脚下，它也不觉着重。真的，我比苍蝇的眼睛还小1000倍，比顶小一粒灰尘还轻100倍哩。【✿对比：把细菌和苍蝇的眼睛以及灰尘做对比，具体生动地表现了细菌的微小。】

因此，自我的始祖，一直传到现在，在生物界中，混了这几千万年，没有人知道有我。大的生物，都没有看见过我，都不知道我的存在。

不知道也罢，我也乐得过着逍逍遥遥的生活，没有人来搅扰。天晓得，后来，偏有一位异想天开的人，把我发现了，我的秘密，就渐渐地泄露出来，从此多事了。

这消息一传到众人的耳朵里，大家都惊惶起来，觉得我比黑暗里的影子还可怕。然而人们始终没有和我面对面会见过，仍然是莫名其妙，恐怖中，总带着半疑半信的态度。

"什么'微生虫'？没有这回事，自己受了风，所以肚子痛了。"

"哪里有什么病虫？这都是心火上冲，所以头上脸上生出疖子疔疮来了。"

"寄生虫就说有，也没有那么凑巧，就爬到人身上来。我看，你的病总是湿气太重的缘故。"

这是我亲耳听见过三位中医对三位病家所说的话。我在旁暗暗地好笑。

他们的传统观念，病不是风生，就是火起，不是火起，就是水涌上来的，而不知冥冥之中还有我在把持活动。

因为冥冥之中，他们看不见我，所以又疑云疑雨地叫道："有鬼，有鬼！

医生在兴致勃勃地谈论着细菌，细菌在旁边暗暗发笑

有狐精，有妖怪！"

其实，哪里来的这些魔物，他们所指的，就是我，而我却不是鬼，也不是狐精，也不是妖怪。我是真真正正、活活现现、明明白白的一种生物，一种最小最小的生物。

既是生物，为什么和人类结下这样深的仇，天天害人生病，时时暗杀人命呢？

说起来也话长，我真是有冤难申，在这一篇自述里面，当然要分辩个明白，那是后文，暂搁不提。

因为一般人，没有亲见过，关于我的身世，都是出于道听途说，【☞成语：说明了普通人对细菌的认识很不到位，现有的认识都是些没有根据的传闻而已。】传闻失真，对于我未免胡乱地称呼。

虫，虫，虫——寄生虫，病虫，微生虫，都有一个字不对。我根本就不是动物的分支，当不起"虫"字这尊号。

称我为寄生物，为微生物，好吗？太笼统了。配得起这两个名称的，又不止我这一种。

唤我病毒吗？太没有生气了。我虽小，仍是有生命的呀。

病菌，对不对？那只是我的罪名，病并不是我的职业，只算是我非常时期内的行动，真是对不起。

是了，是了，微菌是了，细菌是了。那固然是我的正名，却有点科学绅士气，不合乎大众的口头语，而且还有点西洋气，把姓、名都颠倒了。

菌是我的姓，我是菌中的一族。以后你们如果有机缘和我见面，请不必大惊小怪，从容地和我打一个招呼，叫声菌儿好吧。

● 写一写，练一练

1. 判断。

所有细菌对人类都是有害的，因为它们的入侵会使人类生出各种疾病。

（　　）

2. 把下列事物按从大到小的顺序排序。（　　）

A. 灰尘　　　B. 细菌　　　C. 苍蝇眼睛

CHAPTER

我的籍贯

我们姓菌的这一族，多少总不能和植物脱离关系吧。

植物是有地方性的。这也是为着气候的不齐。热带的树木，移植到寒带去，多活不成。你们一见了芭蕉、椰子之面，就知道是从南方来的。荔枝、龙眼的籍贯是广东与福建，谁也不能否认。

我菌儿却是地球通，不论是地球上哪一个角落里，只要有一些水汽和有机物，我都能生存。

我本是一个流浪者。

<u>像西方的吉卜赛民族，流荡成性，到处为家。</u>

<u>像东方的游牧部落，逐着水草而搬移。</u>

<u>又像犹太人，没有了国家，散居异地谋生，都能个个繁荣起来，世界上大富之家，不多是他们的子孙吗？</u>【✍排比：用了"像……像……又像……"的句式，生动地展现了菌儿居无定所、四处为家的特点。】

这些人的籍贯，都很含混。

我又是大地上的清道夫，替大自然清除腐物烂尸，全地球都是我工作的区域。

我随着空气的动荡而上升。有一回，我正在天空4000米之上飘游，忽而遇见一位满面都是胡子的科学家，驾着氢气球上来追寻我的踪迹。那时我身轻不能自主，被他收入一只玻璃瓶子里，带到他的实验室里去受罪了。

我又随着雨水的浸润而深入土中，但时时被大水所冲洗，洗到江河湖沼里面去了。那里的水，我真嫌太淡，不够味，往往不能得一饱。

犹幸我还抱着一个很大的希望：希望娘姨大姐、贫苦妇人，把我连水挑上去淘米洗菜，洗碗洗锅；希望农夫工人、劳动大众，把我一口气喝尽了；希望由各种不同的途径，到人类的肚肠里去。

人类的肚肠，是我的天堂，

在那儿，没有干焦冻饿的恐慌，

那儿只有吃不尽的食粮。

然而事情往往不如意料的美满，这也只怪我自己太不识相了，不安分守己，饱暖之后，又肆意捣毁人家肚肠的墙壁，于是乱子就闹大了。那个人的肚子，觉着一阵阵的痛，就要吞服蓖麻油之类的泻药，或用灌肠的手法，不是油滑，便是稀散，使我立足不定，这么一泻，就被泻出肛门之外了。

从此我又颠沛流离，如逃难的灾民一般，幸而不至于饿死，<u>辗转</u>又归到土壤了。【★动词："辗转"一词具体形象地写出了菌儿费了一番周折最终又回归土壤的艰难历程。】

初回到土壤的时候，一时寻不到食物，就吸收一些空气里的氮气，以图暂饱。有时又把这些氮气化成了硝酸盐，直接和豆科之类的植物换取别的营养料。有时遇到了鸟兽或人的尸身，那是我的大造化，够我几个月乃至几年享用了。

天晓得，20世纪以来，美国的微生物学者，渐渐注意了伏于土壤中的我。有一次，我被他们掘起来，拿去化验了。

我在化验室里听他们谈论我的来历。

有些人就说，土壤是我的家乡。

有的以为我是水国里的居民。

有的认为我是空气中的浪子。

又有的称我是他们肚子里的老主顾。

各依各人的实验所得而报告。

其实，不但人类的肚子是我的大菜馆，人身上哪一块不干净，哪一块有裂痕伤口，哪一块便是我的酒楼茶店。一切生物的身体，不论是热血或冷血，也都是我求食借宿的地方。只要环境不太干，不太热，我都可以生存下去。

干莫过于沙漠，那里我是不愿去的。埃及古代帝王的尸体，所以能保存至今而不坏者，也就为着我不能进去的缘故。干之外再加以防腐剂，我就万万不敢去了。

热到了60℃以上，我就渐渐没有生气，一到了100℃，我就没有生望了。我最喜欢的是暖血动物的体温，那是在37℃左右。

热带的区域，既潮湿，又温暖，所以我在那里最惬意，最恰当。因此又有人认为我的籍贯大约是在热带。

世界各国人口的疾病和死亡率，据说以中国与印度为最高，于是众人的目光又都集中在我的身上了，以为我不是中国籍，便是印度籍。

最后，有一位欧洲的科学家站起来，说我应属于荷兰籍。

说这话的人以为，在17世纪以前，人类始终没有看见过我，而后来发现我的地方，是在荷兰代尔夫特市政府的一位看门老头的家里。

这事情发生于1675年。

这位看门先生是制显微镜的能手。他所制的显微镜，都是单用一片镜头磨成的，并不像现代的复式显微镜那么笨重而复杂，而他那些镜头的放大能力，却不弱于现代科学家所用的。我是亲尝过这些镜头的滋味的，所以知道得很清楚。

这老头，在空闲的时候，便找些小东西，如蚊子的眼睛、苍蝇的脑袋、臭虫的刺、跳蚤的脚、植物的种子，乃至于自己身上的皮屑之类，放在镜头下聚精会神地细看，那时我也夹杂在里面，有好几番都险些被他看出来了。

但是，不久，我终于被他发现了。

有一天，是雨天吧，我就在一小滴雨水里面游泳，谁想到这一滴雨水，就被他寻去放在显微镜下看了。

他看见了我在水中活动的影子，就惊奇起来，以为我是从天而降的小动物，他看了又看，发疯似的。

又有一次，他异想天开，把自己的齿垢刮下一点点来细看，这一看非同小可，我的原形都现于他的眼前了。原来我时时都伏在那齿缝里面，想分吃一点"入口货"，这一次是我的大不幸，竟被他捉住了，使我族几千万年以来的秘密，一朝泄露于人间。

我在显微镜底下，东跳西奔，没处藏身，他眼也看红了，我身也疲乏了，一层大大厚厚的水晶上，映出他那灼灼如火如电的目光，着实可怕。【✿ 神态描写：这里通过对老头眼睛的描写，把他专注的样子生动、传神地刻画了

出来。】

后来他还将我画影图形，写了一封长长的信，报告给伦敦"英国皇家学会"，不久消息就传遍了全欧洲，所以至今欧洲的人，还有以为我是荷兰籍者。他们错以为发现我的地点就是我的发祥地。

老实说，我就是这边住住，那边逛逛，飘飘然而来，渺渺然而去，【形容词："飘飘然"和"渺渺然"写出了菌儿来去无踪、行踪不定的样子。】到处是家，行踪无定，因此籍贯实在有些决定不了。

然而我也不以此为憾。鲁迅先生笔下的阿Q，那个大模大样的人物，籍贯尚且有些渺茫，何况我这小小的生物，素来不大为人们所注视，又哪里有记载可寻、历史可据呢！

不过，我既是造物主的作品之一，生物中的小玲珑，自然也有个根源，不是无中生有，半空中跳出来的，那么，我的籍贯，也许可从生物的起源这个问题上，寻出端绪来吧。但这问题并不是一时所能解决的。

最近，科学家用电子显微镜和科学装备，发现了原始生物化石。在非洲南部距今31亿年的太古代地层中，找到了长约0.5微米（微米是千分之一毫米）的杆状细菌遗迹，据说这是最古老的细菌化石。那么，我们菌儿祖先确是生物界原始宗亲之一了。这样，我的原籍就有证据可查了。

● 写一写，练一练

1. 填空。

最适合细菌生存的温度是（　　），一旦到（　　），它便不能成活了。

2. 选择。

植物的地域性很明显，所以，我们都知道椰子来自（　　）。

A. 南方　　B. 北方

CHAPTER
我的家庭生活

我正在水中沉浮，空中飘零，

听着欢腾腾一片生命的呼声，

欢腾腾赞美自然的歌声。

忽然飞起了一阵尘埃，

携着枪箭的人类陡然而来，

生物都如惊弓之鸟四散了。

逃得稍慢的都一一遭难了。

有的做了刀下之鬼；有的受了重伤；

有的做了终生的奴隶；有的饱了饥肠。

大地上充满了呻吟挣扎的喊声，

一阵阵叫我不忍卒听尖锐的哀鸣。

我看到不平事落荒而走。

我因为短小精悍，容易逃过人眼，就悄悄地度过了好几万载，虽然在17世纪的临了，被发觉过一次，幸而当时欧洲的学者，都当我是科学的小玩意，只在显微镜上瞪瞪眼，不认真追究我的性状，也就没有什么过不去的事了。

又挨过了两个世纪的辰光，法国出了一位怪学究，毫不客气地疑惑我是疾病的元凶，要彻底清查我的罪状。

无奈呀，我终于被囚了！

被囚入那无情的玻璃小塔了！

我看他那满面又粗又长的胡子，真是又惊又恨，自忖，这是我的末日到了。

也许因为我的种子繁多，不易杀尽，也许因为杀尽了我，断了线索，扫不清我的余党，于是他就暂养着我这可怜的薄命，在实验室的玻璃小塔里。

在玻璃小塔里，气候是和暖的，食物是源源地供给的，有如许的便利，一向流浪惯了的我，也顿时觉着安定了。从初进塔门到如今，足足混了60余年的光阴，因此这一段的生活，从好处着想，就说是我的家庭生活吧。

家庭生活是和流浪生活对立而言的。

然而，这玻璃小塔于我，仿佛也似笼之于鸟，瓶之于花，是牢狱的家庭，家庭的牢狱，有时竟是坟墓了。【⊘比喻：把玻璃小塔比作牢狱和坟墓，生动形象地写出了菌儿被困后的无奈和对自由的渴望。】真是上了科学先生的当。

虽说上当，毕竟还有一线光明在前面，也许人类和我的误会，就由这里进而谅解了。

把牢狱当作家庭，

把怨恨当成爱怜，

把误会化为同情，

对付人类只有这办法。

这玻璃小塔，是由亮晶晶、透明、一尘不染、强酸不化、烈火不攻、水泄不通、薄薄的玻璃造成的，只有塔顶那圆圆的天窗可以通气，又塞了一团棉花。【⋈外形描写：这段话从质地、外观、性能等方面，写出了小塔大致的轮廓，形象而传神。】

说也奇怪，这塔口的棉花塞，虽有无数细孔，气体可以来往自如，却像《封神榜》里的天罗地网，《三国演义》里的八阵图，任凭我有何等通天的本领，一冲进里面，就绊倒了，迷了路，逃不出去，所以看守我的人，是很放心的。

过惯了户外生活的我，对于实验室中的气温，本来觉着很舒适，但有时刚从人畜的身内游历一番，回来就嫌太冷了。

于是实验室里的人，又特别为我盖了一间暖房，那房中的温度和人的体温一样，门口装有一只计温的电表，表针一离了37℃的常轨，看守的人，或自动控制装置，就来拨动拨动、调理调理，总怕我受冷。

记得有一回，胡子科学先生的一个徒弟，带我下乡去考察，还要将这玻璃小塔，密密地包了，存入内衣的小袋袋，用他的体温，温暖我的身体，总怕我受冷。

科学先生给我预备的食粮，色样众多。大概他们试探我爱吃什么，就配了什么汤，什么膏，如牛心汤、羊脑汤、糖膏、血膏之类。还有一种海草做成的冻胶，叫作琼脂，是常用作底子的，那我吃不动，摆着做样子，好看一些罢了。

他们又怕不合我的胃口，加了盐又加了酸，煮了又滤，滤了又煮，消毒了又消毒，有时还掺入或红或蓝的色料，真是处处周到。

我是著名的吃血的小霸王，但我嫌那生血的气焰太旺，死血的质地太硬，我最爱那半生半熟的血。于是实验室里的大司务，又将那鲜红的血膏，放在不太热的热水里烫，烫成了美丽的巧克力色。这是我最精美的食品。

然而，不料，有一回，他们竟送来了一种又苦又辛的药汤给我吃。这据说是为了检查我身体的化学结构而预备的。那药汤是由各种单纯的、无机和有机的化合物，及细胞所必须喝的十大元素配合而成的。

那十大元素是一切生物细胞的共有物。

碳为主；

氢、氧、氮次之；

钾、钙、镁、铁又其次；

磷和硫居后。

我的无数种子各有癖好，有的爱吃有机之碳，如蛋白质、淀粉之类；有的爱吃无机之碳，如二氧化碳、碳酸盐之类；有的爱吃阿摩尼亚之氮；有的爱吃亚硝酸盐之氮；有的爱吃硫；有的爱吃铁。【❀列举：这句话运用列举，很具体地写出了细菌的食物有很多种，它们的口味很不一致的情形。】于是科学先生各依所好，酌量增加或减少各元素的成分，因此那药汤也就不大难吃了。

我的呼吸也有些特别。我在平时固然尽量地吸收空气中的氧，有时却嫌它的刺激性太大，氧化力太强了，常常躲在低气压的角落里，暂避它的锋芒。所以黑暗潮湿的地方最适合我繁殖，一件东西将要腐烂，都从底下烂起。又有时我竟完全拒绝氧的输入了，原因是我自己的细胞会从食料中抽取氧的成分，而且来得简便。在外面氧的压力下，我反而不能活。生物中不需空气而能自力生存的，恐怕只有我这一种吧。

不幸，这又给饲养我的人添上一件麻烦了。

我的食量无限大，一见了可吃的东西，就吃个不停，吃完了才罢休。一头大象或大鲸的尸身，若任我吃，不怕花去五年十载的工夫也要吃得精光。大地上一切动植物的尸体，都是我这清道夫给收拾得干干净净的。

何况这小小玻璃之塔里的食粮，是极有限的。于是又忙了亲爱的科学先生，用白金丝，挑了我，搬来搬去。【🖐动作描写："挑""搬来搬去"生动形象地写出了科学先生搬动"我"时小心翼翼的样子。】费去了不少亮晶晶的玻璃小塔，不少的棉花，不少的汤和膏，三日一换，五日一移，只怕我绝食。

最后，他们想了一条妙计，请我到冰箱里去住了。受4℃到冰点以下更冷的寒气包围，我的细胞有时就缩成了一小丸，没有消耗，也无须饮食，可经数月而不饿死。这秘密，不知何时被他们探知了。

在冰箱里，像是我的冬眠。但这不按四时季节的冬眠，随着他们看守者的高兴，又不是出于我的自愿，他们省了财力，累我受了冻饿，这有些是科学的资本主义者的手段了。

我对于寒冷气候的感觉，和我的年纪也有关系，年纪愈轻愈怕冷，愈老愈不怕，这和人类的情况恰恰相反。

从前，胡子科学先生和他的徒弟们，都以为我有不老的精神，永生的力量，说我每20分钟就变作2个，8小时之后，就变成16000000万个，24小时之后，那子子孙孙就难以形容了，岂不是不久就要占满了全地球吗？

现在胡子科学先生已不在人世，他的徒子徒孙对我的观感有些不同了。

他们说：我的生活也可以分为少、壮、老三期，这是根据营养的盛衰，生殖的速度，身材的大小，结构的繁简而定的。

最近，有人提出我的婚姻问题了。我这小小家庭里面，也有夫妻之别，男女之分吧？这问题，难倒了科学先生了。有的说，我在无性的分裂生殖以外，还有有性的交合生殖。他们眼都看花了，意见还都不一致。我也不便直说了。

科学先生的苦心如此，我在他们的娇养之下，无忧无虑，不愁衣食，也"乐不思蜀"了。【📖成语：言简意赅地说明了细菌在科学先生的仔细喂养下悠哉乐哉，不再想回到原来的生活环境中去的心理。】

但是，他们一翻了脸，要提我去审问，这家庭就宣告破产，而变成牢狱了，唉！

写一写，练一练

1. 判断。

细菌只会吸收空气中的氧，它的细胞并不能自己从食料中得到氧。

（　　）

2. 选择。

细菌最喜欢吃血，但其实它最喜欢吃（　　）。

A. 生血　　　B. 死血　　　C. 半生半熟的血

第1课：采用恰当的
阅读方法 1-1

CHAPTER

无情的火

我踏进了玻璃小塔之后，初以为可以安然度日了。

想不到，从白昼到黑夜又到了白昼，刚刚经过了24小时的拘留，我正吃得饱饱的，懒洋洋地躺在牛肉汁里，由它浸润着。忽然塔身震荡起来，一阵热风冲进塔中，天窗的棉花塞不见了，从屋顶吊下来一条又粗又长、明晃晃、热烘烘的白金丝，丝端有一圈环子，救生环似的，把我钩到塔外面去了。

我真着慌了。我看见那位好生面熟的科学先生，坐在那长长的黑漆的实验桌旁，五六个穿白衫的青年都围着看，一双双眼睛都盯着我。

他放下了玻璃小塔，提起了一片明净的玻璃片，片上已滴了一滴清水，就将右手握着的那白金丝上的我，向这一滴水里一送，轻轻地涂搅，搅得我的身子乱转。

这一滴水就像是我的大游泳池，一刹那，那池水已自干了。于是我的大难临头了。

我看见那酒精灯上的青光，心里已怦怦直跳了。果然，那狠心的科学先生一下子就把我往火焰上穿过了三次，使那冰凉的玻璃片，立时变成热烫热烫的火床了。我身上的油衣都脱化了。烧得我的细胞焦烂，死去活来，终于是晕倒不省"菌"事了。

据说，后来那位先生还洗我以酒，浸我以酸，毒我以碘汁，灌我以色汤，使我披上一层黑紫衣，又披上一件大红衣，都是为着便利于检查我的身体，认识我的形态，而发明了这些曲曲折折的手续。当时我是热昏了全然不知不觉的，一任他们摆弄就是了，又有什么法子想呢？

自从此后，每隔一天，乃至一星期，我就要被提出来拷问，来受火的苦刑。

火，无情的火，我一生痛苦的经验，多半都是由于和它碰头。

这又引起我早年的回忆了。

我本是逐着生冷的食物而流浪的。这在谈我的籍贯那一章已说得明明白白了。

在太古蛮荒的时代，人类都是茹毛饮血，茹的是生毛，饮的是冷血。那时口关的检查不太严，食道可以随意放行，我也自由自在无阻无碍地跟着那些生生冷冷的鹿肉哇，【<i>用词准确</i>：说明了细菌遇不到一丝障碍、畅行无阻的样子。】羊心哪，到人类的肚肠去了。

自从传说中，也不知第几任的中国帝王，那淘气的燧人氏，那钻木取火的燧人氏，教老百姓吃熟食以来，我的生计问题，曾经发生过一次极大的恐慌。

后来还亏这些老百姓不大认真，炒肉片吧，炒得半生半熟，也满不在乎地吃了。不然就是随随便便地连碗底都没有洗干净就去盛菜，或是留了好几天的菜，味都变了，还舍不得扔，这就给我一个"走私""偷运"的好机会了。他们都看不出我仍在碗里活动。

热气腾腾的时候，我固然不敢走近；凉风一拂，我就来了。

其实，我最得力的助手，还是蝇大爷和蝇大娘。

我从肚肠里出来，就遇着蝇大爷。我紧紧地抱着它的腰，牢牢地握着它的脚。【<i>动作描写</i>："抱""握"这两个动词，准确形象地写出了细菌紧紧攀附着苍蝇的样子，非常传神。】它"嗡"的一声飞到大菜间里去了。它"噗"的一下停落在一碗菜的上面，把身子一摇，把我抛下去了。我忍受着菜的热气，欢喜那菜的香味，又有的吃了。

我吃得很惶惑，抬起头来，听见一位牧师在自言自语：

"上帝呀，万有万能的主哇！你创造了亚当和夏娃，又创造了无数鸟兽鱼虫、花草木兰来陪伴他们，服侍他们。你的工作真是繁忙啊！你果真于六天之内就造成了这么多的生物吗？你真来得及吗？你第七天以后还有新的作品吗？……

"近来有些学者对你产生怀疑了。怀疑有好些小动物都未必是由你的大手挥成的。它们都可以自己从烂东西里，自然而然地产生出来。就如苍蝇、萤火虫、黄蜂、甲虫之流，乃至于小老鼠，都是如此产生的。尤其是苍蝇，苍蝇的公子哥儿的确是自然而然地从茅厕坑里跳出来的呀！……”

我听了暗暗地好笑。

这是17世纪以前的事。那时的人，都还没有看见过蝇大娘的蛋，看见了也不知道是什么。

不久之后，在1688年的夏天，有一回，我跟着蝇大娘出游，游到了意大利一位生物学先生的书房里。<u>它停落在一张铁纱网的面上，跳来跳去，四处探望。它闻到一阵阵的肉香，却不见一块块的肉影。它更着急了，用那一只小脚乱踢，把我踢落到那铁纱网的下边去了。</u>【🖊 **动作描写**：通过对蝇大娘的动作描写，准确写出了它闻到了肉香却找不到肉在何方时着急的心理，生动形象。】原来肉在这里！

这是这位生物学先生的巧计。防得了苍蝇，却防不了我。小苍蝇虽不见飞进去，而那一锅的肉却依旧酸了、烂了。

从此苍蝇的秘密被人类发觉了。为着生计问题，于是我更无孔不钻、无缝不入了。

我也不便屡次高攀苍蝇的贵体，这年头，专靠苍蝇大爷和大娘谋食，是靠不住的呀！于是我也常常在空气中游荡，独自冒险远行以觅食。

有一回，是1745年的秋天吧，我到了爱尔兰，飞进了一位天主教神父的家里。他正在热烈的火焰上烧着一大瓶的羊肉汤，我闻着羊肉气，心怦怦地动，又怕那热气温度太高，不敢立刻下手。

他煮好了，放在桌上，我刚要凑近，陡然一下，那瓶口又给他紧紧密密地塞上了木塞子。我四周一看，还有个弯弯的大缝隙，就索性挤进去了。

初到肉汤的那一刻，我还嫌太热，一会儿就温和而凉爽了。一会儿，忽然又热起来了，那肉汤不停地乱滚，滚了有两个小时，这才歇息了。我一上一下地翻腾，热得要死，往外一看，吓得我没命，原来那神父又在火焰上烧这瓶子了！烧了快一个小时的光景。

我幸而没有被烧死，逃过了这火关，就痛快地大吃了一顿，把这一瓶清清的羊肉汤搅浑得不成样子了，仿佛是乱云飞絮似的上下浮沉。那阔嘴的神父，看了又看，又挑了一滴放在显微镜下再看，看完之后，就大吹大擂起来了。他说：“我已经烧尽了这瓶子里的生命，怎么又会变出这许多来了？这显然是微生物从羊肉汤里自然而然地产生出来的呀！"

我听了又好气又好笑。

这样糊里糊涂地又过了24年。

到了1769年的冬天，意大利又发出反对这种"自然发生学说"的呼声，这是一位秃头教士的声音。他说："那爱尔兰神父的实验不精到，塞没有塞好，烧没有烧透，那木塞子是不中用的，那一个小时是不够用的。要塞，不如密不透风地把瓶口封住了。要烧，就非烧到一小时以上不可。要这样才……"

我听了这话，吃惊不小，叫苦连天。

一则有绝食的恐慌，二则有灭身的惨祸。

这是关于我的起源的大论战。教士与神父怒目，学者和教授切齿。他们起初都不能确定我出身何处，起家哪里；从不知道或腐或臭的肉哇，菜呀，都是我吃饱了的成绩。他们却瞎说瞎猜，造出许多科学的谣言来，什么"生长力"呀，什么"氧化作用"啊，一大堆的论文，其实那黑暗的主动者就是我，都是我，只有我！

仿佛又像诸葛亮和周瑜定计破曹操似的，这些科学的军师们，一个个的手掌心，都不约而同地写着"火"字。他们都用火来攻我，用火来打破这微生物的谜。

火，无情的火，真害我菌儿过得好苦也！

这乱子一直闹了一个世纪，一直闹到了1864年的春天，才给那位著名的胡子科学先生的实验，完完全全地解决了。

说起来也话长，这位胡子科学先生真有了不起的本事，真是细菌学军营里的"姜子牙"。我这里也不便细谈他的故事了。

单说有一天吧。这一天我飘到了他的实验室里了。他的实验室我是常去的。这一次却没有被请，而是我独立闲散地飞游而去的。

我看见满桌上排着二三十瓶透明的黄汤，有肉香，有甜味。那每一只的瓶颈，都像鹤儿的颈子一般，细细长长地弯了那么一大弯，又昂起头来。【🔍比喻：把瓶颈比作鹤儿的颈子，生动形象地写出了瓶颈细长弯曲的特点。】我禁不住就从一只瓶口扬长飞进去了。可是，到了瓶颈的半路，碰着玻璃之壁，又滑又腻的壁，费尽气力也爬不上去，真是苦了我，罢了罢了！

那胡子科学先生一天要跑来看几十次，看那瓶子里的黄汤仍是清清明明的，阳光把窗影射在上面，显得十二分可爱，他脸上现出一阵一阵的微笑。

这一下，他可把"自然发生说"的饭碗完全打翻了。为的是我不能到里面去偷吃，那肉汤，无论什么汤，就不会坏，永远都不会坏了。

于是，他疯狂似的，携着几十瓶的肉汤，到处寻我，到巴黎的大街上，到乡村的田地上，到天文台屋顶的空房里，到黑暗的地窖里，到了瑞士，爬上阿尔卑斯山的最高峰去寻我。【✿排比：这句话运用排比句式，将胡子科学先生寻找细菌时的急切心情准确地表达了出来，生动贴切。】他发现空气愈稀薄，灰尘愈少，我也愈稀，愈难寻。

寻我也罢，我不怪他。只恨他又拿我去放在瓶子里烧。最恨他烧我又一定要烧到110℃以上，120℃以上，乃至170℃。用高压力来烧我，用干热来烧我，烧到了一个小时还不肯止呢！

火，无情的火，是我最惨痛的回忆呀！

现在胡子科学先生虽已不见了，而我却被囚在这玻璃小塔里，历万劫而难逃，那塔顶的棉花网，就是他所想出的倒霉的法子。至于火的势力，哎哟！真是大大地蔓延起来了。

火，无情的火，实验室的火，医院的火，检疫处的火，到处都起了火了。果真能灭亡了我吗？

我的儿孙布满陆地、大海与天空。

毁灭了大地，毁灭了万物，才能毁灭我的菌群！

● 写一写，练一练

1. 判断。

细菌害怕火，但火并不能全部消灭细菌。（　　）

2. 填空。

瓶中的羊肉汤变浑了，是因为（　　）。

CHAPTER
水国纪游

实验室的火要烧焦了我，快了。

渴望着水来救济，期待着水来浸洗，我真做了庄周所谓的"涸辙之鲋"了。

无情的火处处致我灼伤，有情的水杯杯使我留恋。世间唯水最多情！这话遭水灾地区的灾民听了，有些不同意吧？

"你看那滔天大水，使我们的田舍荡尽，水哪里还有情？！"

这是因为从大禹以来，中国就没有个能治水的人，顺着水性去治，把江河泛滥的问题，一劳永逸地解决了。

中国的古人曾经写成了一部《水经》，可惜我没有读过，但我料他一定把我这一门，水族里最繁盛的生物，遗漏了。我是深明水性的生物。

水，我似听见你不平的流声，我在昏睡中惊醒！

五月的东风，卷来了一层密密的黑云，遮满了太平洋的天空。

我听见黄河的吼声，扬子江的怒声，珠江的喊声，齐奔大海，击破那翻天的白浪。

这万千的水声，洪大、悲壮、激昂，打动了我微弱的胞心，鼓起了我疲惫的鞭毛，陡然地增长了我求生的精神。

水，我对于你，有遥久深远的感情，我原是水国的居民。

水，你是光荣的血露，神圣的流体！

耶稣基督据说也曾受过你的洗礼。

地面上的万物都要被你所冲洗。

水，我爱你的浊，也爱你的清。

清水里，氧气充足，我虽饿肚皮，却能延长寿命。

浊水里，有那丰富的有机物，供我尽情地受用。

气候暖，腐物多，我就很快地繁殖。

气候冷，腐物少，我也能安然地度日。

气候热，腐物不足，我吃得太速，那生命就很短促了。

水，什么水？是雨水。雨水把我从飞雾浮尘，带到了山洪、溪涧、河流、沟壑。浮尘愈多，大雨一过，下界的水愈遍满了我的行踪。

我记起了阿比西尼亚雨季的滂沱。法西斯头子墨索里尼纵使并吞了阿国，也消灭不了那滂沱，更止不住我从土壤冲进了江河。

雨季连绵下去，雨水已经澄清了天空，扫净了大地，【⌨动词：传神地说明了雨水对天空和大地具有非常强大的清洁作用。】低洼处的我，虽不会再加多，有时反而被那后降的纯洁的雨水逐散了，然而大江小河，这时已浩浩荡荡满载着我，【✐形容词："浩浩荡荡"形象地刻画了江河里的细菌非常多的样子。】这将给饮食不慎的人群以相当的不安哪！

水，什么水？是雪水。我曾听到胡子科学先生得意扬扬地说过，山巅的积雪里寻不见我。我当然不到那寂寞荒凉的高峰去过活，但将化未化的美雪，仍然是我冬眠的好地方。

雪花飞舞的时候，碰见了不少的灰尘，我又早已伏在灰尘身上了。瑞典的京城，地处寒带而多山，日常饮用的水，都取自高出海面160米的一个大湖。平时湖水还干净，阳春一发，雪块融化，拖泥带土而下，卫生当局派员来验，说一声"不好了"，我想，这又是因为我的活动吧！

水，什么水？是浅水，是山泽，池沼，及一切低地的蓄水。最深不到5尺，又那么静寂，不大流动。我偶尔随着垃圾堆进去，但那儿我是不大高兴住久的。那儿是蚊大娘的娘家，却未必是我的安乐窝。

尤其是在大夏天，太阳的烈焰照耀得我全身发昏。我最怕的是那太阳中的"紫外光"，残酷的杀菌者。深不到5尺的死水，真是使我叫苦，没处躲身了。5尺以上的深水才可以暂避它的光芒。最好上面还有一层污物，挡住那太阳！

我又不喜那带点酸味的山泽的水，从瀑布冲来了山林间的腐木烂叶，浸成了木酸叶酸，太有刺激性了。

如果这些浅水里，含有水鸟鱼鳖的腥气，人粪兽污的臭味，那又是我所欢迎的了。

水，什么水？是江河的水。江河的水满载着我的粮船，也满载着我的家眷。印度的恒河就是一条著名的"霍乱"河；法国的罗尼河也曾是一条著名的"伤寒"河；德国的易北河又是一条历史的"霍乱"河；美国的伊利诺河又是一条过去的"伤寒"河。"霍乱"和"伤寒"，还有"痢疾"，是世界驰名的水疫，是由我的部下和人类暗斗而发生的。其间，自有一段恶因果，这里且按下不表。

中国的江河，自然也不例外。大的不说，单说上海那一条乌七八糟的苏州河，年年春天夏天的时候，我天天率着眷属在那河水里洗澡，你们自己没有觉察罢了。

有人说：江河的水能自清。这是诅咒我的话。不是骂我早点饿死，就是讥笑我要在河里自杀。我不自尽，江河的水怎么会清呢？

然而，在那样肥美的河肠江心里游来游去，好不快活，我又怎肯无端自杀，更何至于白白地饿死？

然而，毕竟河水是自清了。美国芝加哥大学有一位白发斑斑的老教授，曾在那高高的讲台上说过：当他在三十许壮年的时候，初从巴黎游学回来，对我极感兴趣，曾沿着伊利诺河的河边，检查我菌儿的行动。他在上游看见我是那样地神气，是那样地热闹，几乎每一滴河水里都围着一大群。到了下游，就渐渐地稀少了。到了欧他奥的桥边，我更没有精神了。<u>他当时心下细思量，这真奇怪，这河里的微生物是怎样没落的呢？难道河水自己能杀菌吗？</u>【 心理描写：通过两个疑问句，把老教授对下游里细菌减少的现象非常不理解的心情表达了出来。】

河水于我，本有恩无仇。无奈河水里常常伏着两种坏东西，在威胁我的生存。它们也是微生物。我看它们是微生物界的捣乱分子，专门和我做对头。

一种比我大些，它是动物界里的小弟弟。科学先生叫它"原虫"，恭维它做虫的"原始宗亲"。我看它倒是污水烂泥里的流氓强盗。最讨厌的是那鞭毛体的原虫。它的鞭毛，比我的又粗又大，也活动得厉害，只要那么一卷，便把我一口吞吃而消化了。

它的家庭建筑在我的坟墓上，我恨不恨！

一种比我还要小几百倍，很自由地钻进我身子里，去胀破我那已经很紧的细胞，因此科学先生就唤它"噬菌体"。你看它的名字就已明白，它是和我作对的。它真是小鬼中的小鬼！

水，什么水？是湖水。静静的，平平的，明净如镜，树影蹲在那儿，白天为太阳哥拂尘，晚上给月亮姐洗面，没有船去搅它，没有风去动它，绝不起波纹。
【*比喻：把湖面比作镜，形象地描绘了湖水非常平静，没有一丝水纹的样子。】在这当儿，我也知道湖上没有什么好买卖，也就悄悄地沉到湖底归隐去了。

这时候，科学先生，在湖面寻不着我，在湖心也寻不出我，于是他又夸奖那停着不动的湖水有自清的能力呀。

可是，游人一至，游船一开，在酣歌醉舞中，瓜皮与果壳乱抛，在载言载笑间，鼻涕和痰花四溅，那湖水的情形又不同了。

水，什么水？是泉水，是自流井的水，是地心喷出来的水。那水才是清。那儿我是不易走得近的。那儿有无数的石子沙砾绊住我的鞭毛，牵着我的荚膜不放行。这一条是水国里最难通行的险路，有时我还冒着险往前冲，但都半途落荒了。

水，什么水？是海水，是以又咸又苦著名的盐水。咸鱼、咸肉、咸蛋、咸菜，凡是咸过了七分的东西，我就有些不肯吃了。最适合我胃口的咸度，莫如血、泪、汗、尿，那些人身体中的水流。如今这海水是纯盐的苦水，我又怎么愿意喝？

不过，海底还是我的第一故乡，那儿有我的亲戚故旧，我曾受着海水几千万年的浸润。现在虽飘游四方，偶尔回到老家，对于故乡的风味，虽然咸了些，也有些不忍即去呢。

我在水里有时会发光。所以在海上行船的人，在黑夜里，不时望见那一望无际的海面，放出一闪一闪的磷光，那里面也夹着一星一星我的微光。

我自从别了雨水以来，一路上弯弯曲曲，看见了不少的风光人物：不忍看那残花落叶在水中荡漾，又好笑那一群喜鸭在鼓掌大唱；不忍听那灾民的叫爹叫娘，又叹息那诗人的投江！

五月的东风，

吹来一片乌云，

科学先生在湖面上寻找细菌，可是细菌已经沉到湖底去了

遮满太平洋的天空。

我到了大海，

观看江口河口的汹涌澎湃。

涌起了中国的怒潮！

冲倒了对岸的狂流！

击破了那翻天的白浪！

洗清了人类的大恨！

……

看到这里，我想，那些大人物争权夺利的大厮杀，和我这微生物小子有什么相干呢？

写一写，练一练

1. 填空。

超过（　　）尺深的水，才能让细菌躲开它最惧怕的残酷的杀菌者。

2. 把下列事物按从大到小的顺序排序。（　　　　）

A. 噬菌体　　　B. 原虫　　　C. 细菌

CHAPTER
生计问题

游完了水国，我躺在海洋上，感受那波涛的荡漾。仰看白云在飘游，我羡慕着它们的自由。

在海天一色的包围中，海风吹起浪花溅，浪花呀！它无力送我上云霄。那海水又太咸了，不中吃。我真觉着有些苦闷了。

我只得期待鱼，它会鼓着鳃来吞我。鱼要被渔夫捕，我伏在鱼腹里，就有再到岸上的机缘了。到了岸上，我的生活就不致发生恐慌了。

我打算在厨子先生洗鱼肚的时候，可以一溜就溜到垃圾桶里去。【★动词："溜到"这个动词细致地刻画了细菌选择垃圾桶时小心翼翼的样子。】在垃圾桶里，我跟生物社会的接触一多，谋食便不难了。

不幸而溜不过去，那就只有混在生鱼粥里到人类口中的希望了。总之，我先在那半生半熟的鱼身里偷活，再到那半臭半腥的人肚里寄生罢了。然而，我终于又厌倦了胃肠里的沉闷的生活，痛快地随着大便出来了。

经过曲曲折折的途径，不久，我和我的家人朋友又都回到土壤的老家团聚。

这里我得补叙一下，在到岸上之前，那海鱼肚子里的环境，于我有时是不利的，它的消化力太强了。

于是，我又曾趁着潮水的高涨，回到河肠江心，去央求淡水的鱼，顺便又疏通了螃蟹虾蛤蚌螺之类人类所爱吃的水中生物，请它们帮忙提拔。它们也都答应了。当中，蚝似乎和我最有交情。它在污水里每小时一收一放的水量，竟有两升之多。我也就混在那污水里。它的螺壳就成为我临时的住宅了。

据说，岸上有很多人，因吃了没有煮熟的蚝，都得了伤寒病啦。那科学先生就又怪我了，说什么蚝之类的生物还是我暗杀人类的秘密机关呢。这我以后当然要申辩的，这里不便多啰唆了。

且说，我既从水国回到了土乡，天天望见那时放异彩的浮云，好不逍遥自在，我渴望着和它交游。但那时地上仍很湿，连我身上的鞭毛，都被泥土所粘，鼓舞不起来，更何况高飞远扬呢？虽有时攀着苍蝇的毛腿出游，但它又是低着头飞，至多也飞不上半里路，就停下来一脚把我踢落在地上了。

虽然在地上我是不愁衣食的，然而我对于天空的幻想，又使我希望秋之来临了。那时天高气爽，尤其是在中国的故都北平（1936年时，北京称为北平），和美国中部第一大城——密歇根湖畔的芝加哥，这两个著名的"灰尘的都市"，一到了秋冬，就刮大风，将沙尘卷入天空，那时我就骑在沙尘身上而高翔了。风力益健，我竟直飘上青天4000米以上，那固然是罕有的事，我也真可以傲飞鸟而笑白云了。

记得19世纪初期，英国的年轻诗人雪莱，曾唱着"西风之歌"，他愿意做一瓣浪花、一片落叶、一朵白云，躺在西风里任它飘荡去。他把一切的思想、情感、希望都寄托着西风去散播了。我想，我这一次上青天驾白云，也该感谢风爷的神力呀。

我正在这样想，忽然记起了一件伤心的往事，那就是世界各地的旱灾。

旱灾一来，全生物界都起了恐慌。那时大地涨红了脸，甚至于破裂。【🖐拟人：用拟人化的手法对大地进行了描写，形象地写出了大地非常干旱的样子。】生物焦的焦死，饿的饿死，看不见点绿滴青，看见的尽是枯干瘦木，那半由于暴日的肆虐，半由于风爷的发狂。

那风爷也太发狂了，云和雨都被它吹散了，在大旱期间，连西风也不怀好意了。

前几年，我也曾亲见过中国西北那持续三四年的旱灾，那时狂风忽然吹起漫天的尘沙，天地发昏，在烈日和饥渴的煎迫之下，成千成万的人死了。

有的人还以为地面上堆着这许多的尸体腐物，是我口福的大造化，我可以乘风四游，到处得食了。哪里知道当这大旱临头，我也万分焦急，我虽有坚实的芽孢，可以在空气中苟延性命，但也经不起热与干长期的压迫。地上的干粮虽堆积如山，【🦋比喻：这里把干粮堆积起来的样子比作山，生动形象地写出了粮食非常多的样子。】但没有一些水汽的浸润,我是吃不动的呀。君不见大沙漠中,哪有我的影踪。

我爱的是湿风,我怕的是热风。

我的小身子又是那样轻飘,我那一粒单细胞还不及一千兆分之一克重。我既上升,就不易下降,终日飘荡在天空。只有雨雪霜露方能使我再落尘间。罢了,罢了,在大旱天我是受着风爷的欺骗了。

我凄凉地度过了冰雪的冬天,到了春风和畅的季节,下界雨量充足,草木茂盛,虫鸟交鸣,生物都欣欣然有喜色。【✿景物描写:通过对春风、雨水、草木和虫鸟等景物的描写,描绘了春天欣欣向荣、繁花似锦的样子,这使得细菌也对春天充满了向往。】那时,我早已暗恨着天空的贫乏,白云的无聊,思恋着地上的丰饶。

于是那善变的风爷又改换了方向来招我下凡了。

我别了白云,下了高山,随着风爷到农村。【✿动作描写:这一系列动作准确地写出了细菌是无处不去、无处不在的,语言活泼、有趣。】农村上遍地花红叶绿,我逢花采花,逢叶摘叶,凡是吃得动的植物,无所不吃。这也是因为植物间的气候,植物的体温,和当时空气的温度相去不远,我又是新从天空来的,当然先以它们的身上为合宜的寄食之所了。

我尤喜那似胶似漆富有黏液的果皮瓜皮,那潮湿而有皱痕的菜叶菜管,它们都是我的天然宿舍旅馆。我的家人朋友成亿成兆地在这儿过活。

据美国农业部化学局最近的调查,他们代我估计了一下,在那含有铁质最高的蒲菜身上,每1克重的分量里面,就有我菌儿25万在迅速地生殖着。这不是一个很惊人的数目吗?

我随着风爷而飘游,走遍了五大洲,世界的农村都到过了。小的植物不用说,那我是都光顾到了的。就是抵抗力强盛的大松大柏,它们的风味,我也都一一领略过了。算得出的,在有花植物之部,我曾吃过了66科,150目。在隐花植物之部,就记不清了。

不过,植物之遭我暗算,人类是从来不知道的,以为是它们自己内部的溃烂,或专去骂昆虫那些小妖物的恶作剧。

谁知道,有一回,我在法国南部的田园里,大啖葡萄的时候,又被那位多疑的胡子科学先生发觉了。从此他的徒弟徒侄们,就加紧研究我和植物之间种种不正常的关系，宣布了我的罪状。于是农民们就痛恨我，说我太不讲情理了，破坏他们的农作物，用药用火，千方百计来歼灭我。这真是冤枉。我也是为着生计问题所迫而来的呀！吃的都是大自然所分赠的食物哇！它们又没有注定给人类——这生物的特殊阶级，单独地享用啊！

我在生物界中要算是最不安定的分子了。四方飘游，到处奔流，无非为着自由而努力，为着生活而奋斗。浮大海，吃不惯海水的咸味；居人肚，闷不过小肠的束缚；返土壤，受不住地方的限制；飘上天空，又嫌那天空太空虚了。历尽水旱的苦辛，结识了鱼和风爷，最后到了农村，那儿食粮充足，行动比较自由，我自认为是乐土了。岂料那自私自利的人类，忽来从中作梗，从此我将永远不得安宁了，唉！

写一写，练一练

1. 判断。

细菌非常轻，但细菌一粒单细胞的重量还是超过了一千兆分之一克。

（　　）

2. 填空。

海水里的鱼的肚子，其实有时是对细菌不利的，因为它的（　　）太强了。

CHAPTER

呼吸道的探险

我在乡村的田园上，仍然过着颠沛流离的生活，处处靠着灰尘的提携。

那灰尘真像是我的航空母舰，上面载着不少的游伴。【比喻：把灰尘比作航空母舰，生动地表现出，对于细菌来说，灰尘空间广阔。】

这些游伴的分子也太复杂了。矿、植、动三大界都有，连我菌物在内，一共是四色了。

矿物之界，有煤烟的炭灰，有火山的破片，有海浪的盐花，有陨星的碎粒，还有各式矿石的散沙，都随着大风而远扬。

植物之界，有花蕊、花球的纷飞；有棉絮、柳丝的飘舞；有种子、芽孢、苔藻、淀粉、麦片以及各式各样的植物细胞的乱奔狂突。

动物之界，有皮屑、毛发、鸟羽、蝉翼、虫卵、蛹壳以及动物身上一切破碎零星的组织的东颠西扑。

菌物之界，有一丝一丝的霉菌，有圆胖圆胖的酵母，在空中荡来荡去。最后就是我菌儿这一群了。

这是灰尘的大观。这之间以我族最为活跃。我在灰尘中，算是身子最轻的，我活动的范围也最广了。

这些风尘仆仆中的杂色分子，又像是一群流浪儿，一群迷途的羔羊啊。

【比喻：把灰尘中的杂色分子比作流浪儿和迷途的羔羊，形象地写出了它们没有方向、四处飘荡的样子。】

我紧牵着这一群流浪儿的手，在天空中奔逐，到处横冲直撞，不顾一切利害。

记得有一回，还是在洪荒时代吧，我正在黑夜的森林中飞游，忽然碰了一个响壁，原来是蝙蝠的鼻子。我在暗中摸索，堕进了它鼻孔的深渊，觉得很柔滑很温暖。但不久，我被它强有力的呼吸一喷，【❀动词："喷"这个动词写出了蝙蝠呼气时的力量对于细菌来说非常大。】就翻了几个跟头出来了。

后来，我冲进它的鼻孔里去的机会愈来愈多了。然而，它这一类动物，呼吸道的抵抗力颇强，颇不容易攻陷，它的"扁桃腺（扁桃体的旧称）"也发育得不大完全。

"扁桃腺"这东西是淋巴组织的结合，淋巴腺之一大种。在腭部有腭扁桃腺，在咽喉间有咽扁桃腺，在小脑上有小脑扁桃腺。如此之类的扁桃腺，自我闯入动物体内之后，都一一碰到了。

动物体内的淋巴组织是含有抵抗作用的。淋巴细胞也就是抗敌的细胞，是白血球（白细胞的旧称）之一种。所以淋巴这草黄色的流液，实富有排除外物的力量啊，我往往为它所驱逐而逃亡。

那么，扁桃腺就是淋巴组织最高的建筑物，就是动物身内抗菌的大堡垒了。当我初从鼻孔或口腔进到舌上喉间的时候，真是望之而生畏。

我后来走熟了这两条路，看出了扁桃腺的破绽与弱点。原来它的里外虽有很多抗敌的细胞把守，但它的四周空隙深凹之处可真不少，那里的空气甚不流通，来来往往的食货污物又好在此地集中，留下不少的渣滓，反而成为我藏身避难的好所在了。

我就在这儿养精蓄锐，到了有机可乘时，一战而占领了扁桃腺，作为攻身的根据地了。于是那动物就发生了扁桃腺炎（扁桃体炎的旧称）了。

这在人类就非常着急，认为扁桃腺在人身上有反动的阴谋，和盲肠尾一样是下贱东西，无用而有害，非早点割弃它不可。

其实人身的扁桃腺及其他淋巴腺愈发达，尤其是呼吸道的淋巴腺愈发达，愈足以表现出人菌战争之烈。

人若得胜，淋巴腺则是防菌的堡垒；我若得胜，这堡垒则变成我的势力区了。

淋巴腺，在动物的进化过程中，还是比较新的东西。这是由于我的长期侵略，它们的积极抵抗，相持既久，它们体内就产生了这种防身的组织。

我生平对于冷血动物，素以冷眼看待，不似对于热血动物那般热情，所以我在它们体内游历的时候，也没有见过什么淋巴腺、扁桃腺之类的组织，这是因为我很少侵略它们的内部器官，我不过常拿它们的躯壳当作过渡时期的驻屯所罢了。有时还利用它们作为我投奔高等动物身内的天梯或桥梁哩。这之间，就以昆虫类最肯帮我的忙，尤以苍蝇、蚊子、臭虫、跳蚤、身虱、八角虱之流，这些人类所深恶的东西，更喜欢和我密切地合作，这是后话。不过，我如想从鼻孔进攻人、兽之身，那还须靠灰尘的牵引。

我曾经游遍了普天下动物的身体，【✂️**动词：**"游遍"这个动词形象地写出了细菌侵入动物体内的轻易程度。】只见到鸟类和哺乳类有淋巴腺、扁桃腺之类的抗敌组织，而以哺乳类的淋巴腺最为发达。到了人，这淋巴腺的交通网更繁密了。人原是顶多病的动物哇。淋巴腺在进化途中实是抵御传染病的一块纪念碑呀。

高空的飞鸟绝不会得肺痨病，它们常吸新鲜的空气，它们的呼吸道里我是不大容易驻足的，因此这条道上的淋巴腺也没有它们消化道的肠膜下的淋巴腺那样多。

肺痨病虽有鸟、牛、人之分，而关系鸟的部分受害者也只限于鸡鸭之群——人类篱下的囚徒罢了。于是它们呼吸道里的淋巴腺，是比飞鸟的增加了。

至于蝙蝠这夜游的动物，好在檐下或树林间盘旋飞舞，我自从那一回碰到了它的鼻子之后，就渐渐地熟悉它的呼吸道上的情形了。我见它当初也没有什么扁桃腺，后来为了对付我而新添了这件隆起的东西。

由此可见，我和动物的呼吸道发生了关系之后，扁桃腺及其他淋巴腺所处地位变得更加重要了。所以，我在这一章的自传里，特地先记述它们。它们的产生是由于我的刺激，我的行动又以它们为路碑，我和它们的关系是多么密切呀。

我冲进鸟兽和人的鼻孔的机会固然很多，但这也要看灰尘的多寡，鸟兽之群及人口的密度如何。

高阔的天空不如山林的草原，农村的广场不如都市的大街，公园不如戏院，贵人的公馆不如十几个人一间的黑暗的棚户。总之，人烟愈稠密，人群愈拥挤，我从空中到鼻子，从鼻子又到别的鼻子的机会也愈多了。

我在乡村的田园上飞游之时，生活过于空虚，颇为失意。于是，趁着乡下人挑担上城的时候，我就附着在他的身上，到这浮尘的都市观光来了。

在都市的热闹场所，我的生意极其兴隆。这儿不但有灰尘代我宣扬，还有痰花口沫的飞溅助我传播。

从此呼吸道上总少不了我的影子。这条入肺的孔道，我是走得烂熟了。它的门户又是永远开放的。

虽然，婴儿初离母胎的当儿，他的鼻孔和口腔以内，是绝对没有我的踪迹的。但数小时之后，我就从空气中一批一批地移民来此垦殖了。

我的移民政策是由呼吸道的形势与生理上的情形来决定的。要看那块地方，气候的寒暖如何，湿度如何，黏膜上有无缝隙深凹之处，氧气的供给是否太多，组织和分泌汁的反应是酸是碱抑是中间性，细胞胞衣上的纤毛，它们的活动力是否太强烈了。须等到这些条件都适合于我的生活需要了，然后这曲折蜿蜒海岸线似的呼吸道，才有我立身插足之地呀！

此外，还有临时发生的事件，也足以助长我的势力，如食货和外物的停积，加厚了我的食粮；如黏膜受伤而破裂，便利了我的进攻。更有那不幸的矿工，整天呼吸着矽（硅的旧称）灰，他的肺瓣硬化了，变成了矽肺（硅肺的旧称），这矽肺是我所最喜盘踞的地方。我家里那个最不怕干的孩子，人们叫它"痨病菌"的，便常在这矽肺上生长繁殖，于是科学先生就说，矽肺乃是肺痨病的一种前因。这是矿工受了工作环境的压迫，没有得到卫生的保障，人必先糟蹋了自己的身体，而后我才有机可乘，这不能专怪我的无情吧。

在十分柔滑而又崎岖不平的呼吸道上，我的行进有时是有如许的顺利，而有时又甚艰险了。<u>因此，我这一群里，有的看呼吸道如"天府之国"，有久居之意；有的又把它当作牢狱似的，一进去就巴不得快快地出来；又有的则认为是临时的旅舍，可以来去无定。</u>【◎排比：这里用了"有的……有的……又有的……"的句式，将不同细菌对呼吸道的适应情况一一列举出来，颇有气势。】这样，终主人的一生，他的呼吸道上，是从不会离开我的形影的。

这呼吸道又很像一条自由港，灰尘的船只可以随意抛锚。就我历次经验所知，这条曲曲折折的自由港又可分为里中外三大湾。

里湾以肺为界岸，出去就是支气管，然后是气管，然后是喉。中湾介于口腔与鼻洞之间，是呼吸道和食道的三岔路口，是入肺入胃必经的要隘，隆肿的扁桃腺就在这里出现，这一湾的地名就叫作"口咽"。口咽之上为"鼻咽"，那是外湾的起点了。鼻咽之前就是纤曲的"鼻洞"，分为两道，直通于外。

纤曲的鼻洞，我是不大容易居留的，那里时有大风出入，鼻息如雷，有时鼻涕像瀑布一般滚滚而流，冲我出来了。【比喻：把鼻涕比作瀑布，形象传神地写出鼻涕之多和对细菌的冲击力非常大的情形。】所以在平时，鼻洞里的我大都是新从空气游来的，而且数目也不多。我本是风尘的游客，哪配久恋鼻乡呢？何况前面还有森严的鼻毛，挡住我的去路哇！

可是，鼻洞里的气候时时在转变着，寒暖无常，有时会使鼻禁松弛了，我也就不妨冒险一冲，到了鼻咽里来了。

在鼻咽里，我是较易于活动，而能迅速地繁殖的。但，我的繁荣，究竟是受了当地食粮的限制，于是我不得不学侵略者的手段了。我这也是为着生计所迫，而不能不和鼻咽以内的细胞组织斗争啊！

所以，到了鼻咽以后，我的性格就不似从前在空中时那样浪漫与无聊，真变得泼辣勇猛多了。【对比：通过对比，说明鼻咽部是人体免受细菌侵扰的天然屏障。】

由鼻咽到口咽，一路上准备着厮杀，准备着进攻。我望见那红光满目的扁桃腺，又瞥见那一开一合的大口，送进一闪一闪的光明，光明带来了许多新鲜的空气。我在这歧路上徘徊观望，逡巡不敢前进。久而久之，习惯使我胆壮，我就在口咽的上下，扁桃腺的四周埋伏，等候着乘机起事。所以在人身体中，我的菌众与种类，除了盲肠的左右以外，要算以咽喉之间为最多了。

我在呼吸道上进攻的目的地，当然是肺。

那儿有吃不尽的血粮，

那儿有最广阔的地场，

肺尖又脆肺瓣又弱，

我可以长期地繁殖着，

但我在达到肺腑前，

要尝尽千辛万苦；

一越过了软骨的音带，

突然就遇着诸种危害：

四围的细胞会鼓起纤毛来扫荡我，

两旁的黏膜会流出黏液来牵绊我，

喷嚏、咳嗽、说话与呼吸又来驱逐我，

沿途的淋巴腺满布着白血球突来捕捉我。

我真是无可奈何了。所以在天气好的日子，从咽喉到肺这一条深巷是平静无事的，我就偶尔跌进里头去，也没敢多流连哪！

一旦云天变色，气候骤寒，呼吸道上忽然遇着冷风的袭击，我一得了情报，马上就在扁桃腺前，召集所有预伏的菌兵菌将，会师出发，往着肺门进攻。

当那时，全咽喉都震撼了。

● 写一写，练一练

1. 填空。

人类身上（　　　）附近的细菌最多。

2. 判断。

灰尘里的成分最丰富、复杂，包括菌类在内总共有五类分子。（　　　）

第2课：采用恰当的
阅读方法 1-2

CHAPTER

肺港之役

　　肺港之役是我的优胜纪录，是我生平最值得纪念的一件轰轰烈烈的大事，是我进攻呼吸道的大胜利。在这胜利的过程中，我几乎征服了全人类，全生物界为之震惊。

　　虽然，在这之前，我还有许多其他伟大的战绩，但都以布置不周，我作战的秘密，一一都为科学先生所揭穿了，如14世纪横行欧洲的大鼠疫，就是我利用了家鼠与跳蚤攻人皮肤的大胜；如扫荡全世界6次的大水疫，就是我勾结苍蝇与粪水攻人肚肠的大胜。谁知道自19世纪末期以来，科学先生发明了抵抗我军的战略，从此，卫生先进的国家都很严密地防范我，我哪里再敢从这两条战线上大规模地进攻人类呢？鼠疫和水疫打得人类如落花流水，也是我两番光荣的胜利呀，在以后还要详细地追述，这里不过提一提罢了。

　　至于肺港之役，是我出奇兵以制胜人类，使聪明的人类摸不着防御我的法门，而<u>甘拜下风</u>啊。【🏹 **成语：写出了人类自叹不如的样子，也说明了细菌的破坏力是极强的。**】

　　自那位胡子科学先生提出了抗菌的口号以来，他的徒弟徒子等相继而起，用着种种奸巧的计策，在各种患有传染病的病人身上，到处逮捕我。从1874年，我的一个淘气的孩子，在麻风病人的身上细嚼他的烂皮肉的时候，突然被一位科学先生捕捉了去，此后25年间，正是捕菌运动最紧张的时期，欧洲各处实验室里高燃着无情之火，我的家人朋友被囚入玻璃小塔里的真是不计其数。<u>他们（实验室里的工作人员）用严刑来拷问我，用种种异术来威胁我，灌我以药汤，浸我以酸汁，染我以色料，蒸我以热气，</u>【🔖 **排比：列举出实验室的工**

作人员研究细菌的方法，表现出他们采用的方法多种多样。】无非要迫我现出原形于显微镜之下。

更有所谓传染病的三原则，这是一位著名的德国医生提出的，他们都拿来作为判定我犯罪的标准。

假如，据他们实验观察的结果，我和某种传染病的关系都符合下面所举的三原则，就判定我的罪状，加我以某种传染病的罪名。我菌儿这一群，平时大家都在一起共同生活，有血大家喝，有肉大家吃，不分彼此，不立门户，也不必标新立异地各起名称，大家都是菌儿，都叫作菌儿罢了。这是我的一贯的主张。而今不幸，多事的科学先生却偏要强将我这一群分门别类，加上许多怪名称，呼唤起来，反而使我觉着怪麻烦的。何况，像我这样多样而又善变的生活方式，若都一一追究出来，我的种类又岂止几千种。这便在命名上不免发生纠纷，成问题了。

闲话少讲。先谈谈这传染病的三原则吧。

我常听到科学先生说，每一种特殊的传染病，一定都有一种特殊的病菌在作祟，所以他们要认清病菌，寻出正凶，而后才可以下手防御，发出总攻击令，不然打倒的若不是凶手，凶手却仍在放毒杀人，病仍是不会好的。他们似乎又在讲正义了，并不盲目地加害于我的全体。

那么，传染病的凶手是怎样判定的呢？这要看他们如何检查我那个特殊的淘气孩子的行动了。

他们的第一条原则：要在每一个得了这特殊的传染病的病者身上，捉到我这行凶的孩子，而且它被捕的地点也应该就是行凶的地点。这就是说，若在其他不相干的地方抓到它，而真正的伤口上反而不能寻获它，那证据就有些靠不住了。我这一群来来往往在人身上做"过客"的很多很多，自然不可以随意指出一个说它是凶手。在出事的地点常常发现的才是嫌疑犯。

第二个原则：这凶手要被活生生地捉到，并且把它关在玻璃小塔里面，还要养活它，并且还会一代一代地传种传下去，别的菌种都不许混进来，以免有所假冒，以免鱼目混珠，要永远保持那凶手的单独性。若凶手早已死去，或因绝食而自毙，则它的犯罪情形将何从拷讯？它的真相将何以剖明？

假定凶手是被活擒到了，它也能在外界继续地生长，独囚一室，不和异种相混，然而也不能就此判定它是这病的主犯。有时也许是抓错了，也许它不过是帮凶而已，而正凶反而逃脱。怎么办呢？那就要用第三条原则来决定了。

第三条原则就是动物实验。拿弱小的动物作为牺牲品，把那有嫌疑的菌犯注射进这些小动物的体内去，如果它们也发生同样的病状，那就是这特殊传染病的正凶之铁证，不能再狡赖了。

我在旁听了之后，不禁叹服这位科学先生的神明，他能这样精巧地定计破贼，真是科学公堂上的包拯啊！然而，这使我为着那一批专和人类作对的蛮孩子担心了。

科学先生的狡计虽然是厉害，我攻人的计划几乎——都为他们所破坏了。但是，强中还有强中手，我家里有三个小英雄，就不为他们的严刑所恫吓，就不受这传染病的三原则所审理。肺港之役，我连战皆捷，就是这三位小英雄安排好的巧计，难倒了科学先生，他们至今还没有法子可以破除。

我的这三位小英雄，科学先生已给它们判定了传染病的罪名了。

第一名，他们说它是猩红热的正凶，叫它作"溶血性链球菌"。

第二名，他们说它是肺炎的主犯，称它作"肺炎双球菌"。

第三名，他们说它是流行性感冒的祸首，唤它作"流行性感冒杆菌"。

他们当然是根据传染病的三原则而被判定的。然而，我的这三个孩子的行动并不是这么单纯。它们犯案累累，性质又未必皆相同。如第一名，不仅使人生猩红热，什么扁桃腺炎、丹毒、产褥热、蜂窝组织炎之类的疾病，也都是由它而起。我这里所谈的肺港事件，就与它有密切的关系。

总之，这三位小英雄在侵入人体时，都是随机应变的，并且它们的生活是多方面的。可见这些科学的命名也免不了有些牵强附会了。我们切不可认真，认真了就有以名害实的危险哪。在我的自传里，提起孩子的名称这还是第一遭，所以特地声明一下。

我这三位小英雄，都是最爱吃血的微生物。为了吃血，它们奋不顾身地往肺港里冲。它们又恐怕遭敌人的暗算，所以常是前呼后拥地结成联合阵线，胜则同进，败则同退，不但白血球应接不暇，就是科学先生前来缉凶的时候也迷惑了，弄不清楚哪一个是真正的凶手哇。

当我在扁桃腺前会师出发，往着肺门进攻的时候，一路上遇到不少的挫折，我的其他孩子们都在半途战死，独有这三位小英雄，在这肺港里横冲直撞，所向无敌。

肺港是一个曲折的深渊，前半段，从咽喉的门户到肺叶的边界，是呼吸道的里湾，肺叶以内分为无数肺泡，这些肺泡便是呼吸道的终点。

我进了肺港之后，若不遇到阻挡，就一直往下滚，滚，滚过了支气管，然后是小支气管，再后是最小支气管。<u>它们像树枝一般渐渐地小下去，渐渐地展开，我也顺着那树枝的形状快快地蔓延起来。</u>【🌼比喻：把支气管和小支气管等比作树枝，生动形象地描绘了它们的形状。】一进了肺叶，那管口愈分愈细了。穿过了一段甬道似的肺泡小管，便是空气洞，再进则为空气房，空气洞与空气房组合起来便是一个肺泡。新旧空气就在这儿交换。所以我在途中前后都有大风，冷风推我前进，热风迫我后退。

在肺泡的壁上，满布着血川的支流。心房如大海，血管似江河，血川就算是微血管的化名了。在这儿，我看见污血和新血的交流，我看见血球（血细胞的旧称）在跳跃，血水在汹涌澎湃，我细胞的饿火燃烧起来了。

全肺所有肺泡的表面积，胀得满满的时候，约有90平方米，这比全皮肤的面积还大了100倍。因此在这儿，血川的流域甚广甚长，况且肺泡的墙壁又是那么薄弱，那壁上细胞的纤毛在这儿又都已不见了。到了这里，血川是极容易攻陷的，我的吃血是便当的事了。

为了吃血便当，<u>我这三个爱吃血的孩子就常常深入肺泡，强占肺房，放毒纵兵，轰炸细胞，冲破血管，与白血球恶战，与抗毒体肉搏，</u>【🏃动作描写：通过一系列动词将这三种细菌的蛮横强势、动作干脆利落的特点准确形象地表现了出来，生动活泼。】闹得人肺发硬生病流血出脓，而演成人身的三大病变——伤风、流行性感冒、支气管肺炎——一次比一次紧张，一回较一回危急。伤风是我的小胜，流行性感冒是我的大胜，支气管肺炎是我的全胜。

在人生的旅途中，谁没得过几次或轻或重的伤风呢？在流行性感冒大流行的时期，三人行必有一人被传染，尤其是在1918至1919年那一次，全世界都产生了对流行性感冒的恐慌，我的声势之大真是亘古未有，<u>几个月之间，人类之被害者，比欧战4年死亡的总数还要多。</u>【🔍对比：通过死亡人数的对比，凸显出1918年至1919年那次流行性感冒的声势浩大，以及由此造成的严重后果。】至于支气管肺炎，那更是人人所难逃免的病劫。人到临终时，他的肺部异常虚弱，我的菌众竟来争食，因而他的最后一次的呼吸，往往是被支气管肺炎所割断了。可见我在肺港之役的胜利，是一个伟大而普遍的胜利。人类是无可奈何的。

伤风是人类司空见惯的病了，多不以为意。流行性感冒，你们中国人有时叫它作"重伤风"。那支气管肺炎也就可以说是伤风达到最严重的阶段了。他们都只怪风爷的不好、空气的腐败，却哪里知道有我，有我这三个在肺港里称霸的孩子在侵害。

我这三个孩子当中，尤以那被称为流行性感冒杆菌的最为英勇。它在肺港之役中是我的开路先锋。它先冲进肺泡里，到血川之旁去散毒。它并不直接杀人，也不到血液里去游泳，而它的毒素不尽地流到血液里，会使人身的抵抗力减弱。它却留着刽子手的勾当，给我那后来的两个孩子做。

于是，在伤风病人的鼻咽里，科学先生最常发现它；在流行性感冒病人的痰里，仍常寻得见它，在支气管肺炎病人的血脓里，则寻见的不是它，只剩下我那两个孩子——肺炎双球菌和溶血性链球菌了。

所以，伤风不会杀人，流行性感冒也不会杀人，然而它们却往往造成了杀人的局势，而把死刑的执行交给支气管肺炎了。

科学先生当初以为我那孩子是流行性感冒唯一的凶手，因此加它以这样一个沉重的罪名。后来因为它的罪证并不完全，在传染病的三原则上很难通过，就减轻了它的罪，判它为流行性感冒的第二凶手，而把第一凶手的嫌疑，轻移到比我还要小千百倍的微生物，即所谓"超显微镜的生物"之类的身上了。

科学先生感到这肺港里的三大病变的复杂性了。这使他们的疫苗的防御不中用，血清的抵抗不见效，预防乏术，治疗亦无法。科学先生也无可奈何了。

自从科学之军崛起，我在其他方面进攻人类都节节败退，独有肺港之役，我获得了最大的胜利。这是我那三个小英雄之功。

将来的发展如何，我不知道，但因为我在人身有极重大的经济利益，我始终要求人类承认我在肺港的特殊地位，承认我的侵略权。

肺港里还有其他的纠纷事件，如肺痨、百日咳、大叶肺炎、肺鼠疫，如此之类，以及要封锁港口的白喉，那都因为性质不大相同，就不及在此备载了。

● 写一写，练一练

1. 判断。

    在攻击人的肺门时，所有的细菌都能在肺港里畅行无阻。（   ）

2. **按照传染病的三原则给下列细菌排名次。（   ）**

    A. 流行性感冒杆菌   B. 溶血性链球菌   C. 肺炎双球菌

第3课：把握名著中的
人物形象 2-1

CHAPTER

吃血的经验

从血川到血河，一路上冲锋陷阵，小细胞和大细胞肉搏，鞭毛和伪足交战，经过无数次的恶斗，终于是我得胜了，占领了血河，而人得败血症的病死了。

于是科学先生就板起面孔来，在实验室里，大骂我是穷凶极恶的暗杀党，谋害了宝贵的人命，他们一定要替人类复仇，发明新武器来歼灭我。这不但于我的名声有损，而且连我在生物界的地位都动摇了。我在这一章里是要述明我的立场的。

中国的古人不是说过"民以食为天"吗？我是生物界的公民之一，当然也以食为天，不能例外。我的生活从来都是很艰苦的。我曾在空中流浪过，水中浮沉过，曾冲过了崎岖不平的土壤，穿过了曲折蜿蜒的肚肠，也曾饿在沙漠上，也曾冻在冰雪上，也曾被无情之火烧，也曾被强烈之酸浸，【⚐ **好词**：通过这一系列的词语，具体说明了细菌为了觅食辛苦劳碌的样子，另一方面也阐明细菌在世界上无处不在的现实。】在无数动植物身上借宿求食过，到了极度恐慌的时候，连铁、硫和碳之类的矿盐，也胡乱拿来充饥。我虽屡受挫折，屡经忧患，仍是不断努力地求生，努力维护我种我族的生存，不屈服，不逗留，勇往直前。我无时无刻不在艰苦生活之中挣扎着。我的生活经验，可以算是比一般生物都丰富得多了。我这样四方奔走，上下飘舞，都是为着吃的问题没有解决呀！

我想，生物的吃，除了一般植物所吃是淡而无味的无机盐之外，其他的如动物界中的各分子及植物界中有特别嗜好者，它们所吃，就尽是别的生物的细胞。它们不但要吃死去的细胞，还要吃活着的细胞。吃人家的细胞以养活自己的细胞，这可以说是生物界中的一种惯例吧。于是各生物间攘争掠夺互相残杀的事件，层出不穷了。

我菌儿虽是最弱最小的生物，在生物界中似乎是居最末位的，但我对于吃的问题也不能放松！

我几乎是什么都吃的生物，最低贱的如阿米巴的胞浆，最高贵的如人类的血液，我都曾吃过。我所吃，所爱吃的，绝不像植物所吃的那样淡而没有内容。我吃的是复杂而兼普遍的，我是最能适应环境的生物。

但是，我因感着外界的空虚、寂寞而荒凉，我的细胞时有焦干冻饿的恐慌，所以特别爱好在动物身上盘桓，尤其是哺乳类的动物，人和兽之群。他们的体温是那么暖和，他们又能供给我以现成的食料。我在他们的身上，过惯了比较舒适的生活，就不想离开他们的圈子了。于是我的大部分菌众就在这圈子之内无限制地生长繁殖起来了。

人和兽之群，在我看去真是一座一座活动的肉山哪！【✆夸张：这里运用夸张的手法，生动鲜明地写出了在细菌眼里人和兽之群高大的样子。】

我初到人、兽身上的时候，看见那肉山上森严地立着疏疏密密的森林似的毛发须眉，又看见散乱地堆着重重叠叠的乱石似的皮屑。【✿外貌描写：通过对人、兽的毛发须眉和皮屑的描写，形象地说明了人、兽的这些特点对细菌来说非常可怕的样子，语言贴切而传神。】我就随便吃了这些皮屑过活，那时我的生活仍然是很清苦的。

后来我又发现肉山上有一个暗红的山洞，从那山洞进去，便是一个弯弯曲曲无底的深渊，那就是人、兽的肚肠。肚肠是我的天堂，那儿有来来往往的食货。我就常常混在里面大吃特吃。但不幸的是，我在洞里又遇到了一种又酸又辣的液汁，我受不住它的浸洗。所以除了我那些走熟这一条路的孩子以外，我的大部分的菌众都不能冲过去。这天堂仍是一个特殊阶级的天堂啊！

有一回，人的皮肤忽像火山一般地爆裂了，流出热腾腾红殷殷的浓液。当时我很惊异，这东西是从哪里来的呢？后来我在肺港里是见惯了它，它激起了我的食欲和好奇心。我的细胞情不自禁地跳进它的狂流之中去。我尝了它的美味，从此我对于人、兽的身体就抱着很大的野心了。

我虽有吃活人、活兽之血的野心，然而这并不是轻而易举的事，这也并不是我菌众全体的欲望。这种侵略人、兽的大举有些像帝国主义者的行为，虽然那不过是我族中少数有势有力的少壮细胞所干的事，帝国主义者侵略弱小民族也并不是他们国内全体人民的意愿哪。所以你们不要因为我少数的"菌阀"的蛮干，使人类不安，而加罪于我的全体"菌民"，连我一切有功的事业也都抹杀了。

人类本来都茫然不知我在暗中的活动，我的黑幕都是给多疑的科学先生所揭穿的。他们老早就疑惑到我和人、兽之血的恶关系了。于是他们就时常在人血、兽血中寻找我的踪迹。因为初生的婴孩，他的肠壁的黏膜，还不十分完整与坚实，他们想我到了那里，一定是很容易通行的。又因为在猪牛之类的肌肉和组织里，他们时常发现我，因此他们对我是更加疑忌了。在健康之人的血液里，他们老寻不着我，罪证既不完全，他们就不能确定我会在活血里行凶。这是因为在平时，血液的防卫很严密，我很不易攻入。我就是偶尔到了活血里面，不久也会被血液里的守军杀退。

血液是那样密密地被包在血管里，围在皮肤和黏膜之内，我要侵入血流中，必先攻陷皮肤和黏膜。所以在平时皮肤的每一个角落，黏膜的每一处空隙，都满布着我的伏兵，我在那里静候着乘机起事哩。

皮肤和黏膜的面积虽甚广大，却处处都有重兵把守。皮肤是那样坚韧而油滑，【形容词："坚韧""油滑"将无伤口的皮肤的特点形象贴切地刻画了出来，也说明了这样的皮肤对细菌来说是难以侵入的。】没有伤口即不能随便穿过。眼睛的黏膜有眼泪时常在冲洗，眼泪有极强大的杀菌力量，就是把它稀释到四万分之一，我还是不敢在那里停留。不这样，你们的眼睛将要天天发红起肿了。呼吸道的黏膜又有纤毛，会扫荡我出来。胃的黏膜，会流出那酸溜溜的胃汁，来溶化我。尿道和阴户的黏膜也有水流在冲洗，我也不能长久驻足。此外鼻涕、痰和口津之类也都会杀害我。真是除了汗、尿和人们不大看见的脑脊髓液之外，人和兽之群乃至于一切动物，乃至于有些植物，它们的体内，哪一种流液，哪一种组织，不在严防我的侵略，使我没有抵抗的力量啊！

至于血，当然了，那是高等动物所共有的最丰富的流体，它的自卫力量更是雄厚了。

血，据科学先生的报告，凡体重在150磅（1磅＝0.4536千克）左右的人都有7升的血，昼夜不息，循环不已地在奔流着，在荡漾着，在汹涌澎湃着。血，是略带碱性的流体，我在血水里闻到了蛋白质、糖类和脂肪的气味；我见过了钠的盐、钙的盐的结晶体；我尝到了"内分泌"和氧的滋味。【👁动词：这三个动词具体地指出了人类血液的成分非常丰富的特点，另一方面也显示了里面处处都有细菌的踪影。】

在血的狂流中，我又碰到了各式各样的血球在跳跃着，在滚来滚去地流动着。

我最常遇到的是像车轮似的血球，带点青黄的颜色，它的直径只有7.5微米，它的体积只有2.5立方微米，它的胞内没有核心，它像一只粮船，满载着蛋白质和脂肪，在我的身旁掠过。我看它那又肥又美的胞体，我的饿火上冲了。我曾听科学先生说过，它的胞体里还有一种特殊的色料，叫作"血色素"，那是最珍奇的一种食宝。我远远地就闻见了动物的腥味，那就是从这血色素里所放出来的气味吧。我的少壮细胞爱吃人、兽之血，目的也就在它的身上吧。

但我在血的狂流中，又遇到了一群没有色素的血球，它们的胞体内却有了核心。那核心的形状又有好些种。有的核心是很大的，几乎占满了血球的全身；有的核心是肾形的；有的核心的形状是不规则的。它们这一群都是我的老对头，我在血中探险的时候，常受着它们的包围与威胁，它们会伸出伪足来抓我。

我又看到了一种卵形无色的小细胞，它有凝结血液的力量，我常被它绑住。有人说它是白血球的分解体，叫它作"血小板"。

还有一种一半是蛋白质，一半是脂肪的有色的细粒，科学先生叫它作"血沉"，大约它们就是死去的红血球（红细胞的旧称）的后身吧。

此外，更奇怪的就是，我在血流中奔波的时候，我的细胞常中途而死，不知是中了谁的暗算，这我在后来才知道是所谓"抗体"之类无形的东西在和我作对呀。

血液是我所爱吃的，而血管的防卫是那么严密，红血球是我所爱吃的，而白血球的武力是那么可怕，每600粒红血球就有1粒白血球在巡逻着，保卫着它们！在这种情势之下，我有什么法子去抢它们来吃呢？我的经验指示我了：

第一要看天时。在天气转变的时候，人、兽的身体骤然遇冷，他们皮肤和呼吸道的黏膜都瑟瑟缩缩地发抖起来，【好词："瑟瑟缩缩"形象地刻画了人、兽的皮肤和呼吸道的黏膜遇到冷空气时发抖的样子，非常生动。】微血管里的血液突然退却，在这时候我的行军是较顺利的。或是外界的空气很潮湿，很温暖，我虽未攻入人体的内部，也能到处繁殖，所以在热带的区域，在人、兽的皮肤上，常有疔疮疖子之类的东西出现，那都是我驻兵的营地呀。

第二要看地利。皮肤一旦受了刀伤枪伤而破裂，我就从这伤口冲入。有时人的皮肤为小小的针尖所刺，不知不觉地过了数小时之后，忽然作痛起来，一条红线沿着那作痛的地方上升，接着全身就发烧了，这就是我的先锋队已从这刺破的小孔进攻，而节节得胜了呀。

然而在抵抗力强盛的身体上，这是不常有的事。在平时我一冲进皮肤或黏膜以内，血液就如风起潮涌一般狂奔而来，涌来了无数的白血球，把我围剿了。这就是动物身体发炎的现象，发炎是它们的一种伟大的抵抗力量啊！

但是身体虚弱的人，他们的抵抗力是很薄弱的，发炎的力量不足以应付危机。于是我就迅速地在人体的组织里繁殖起来了，更利用了血管的交通，顺着血水的奔流，冲到人身别的部分去了。有时千回百转的小肠大肠，【成语："千回百转"这个成语形象地勾勒出了小肠大肠弯弯曲曲的形状特点。】会因食物的阻塞，外力的压迫而突然破裂，那时伏在肠腔里的我就趁势冲进腹膜里去，又由淋巴腺、淋巴管而辗转流到血的狂流中去。这是我由肠壁的黏膜而入于血的捷径。

我又有时在外物与腐体的掩护之下，攻入血中。我伏在外物或腐体里，白血球和其他的抗菌分子就不能直接和我作战了。例如在人类不知消毒的时代，产妇的死亡率很高，那就是我伏在产妇身上横行无忌的缘故。

第三要看我的群力。我进攻人身的内部，必须利用菌众的力量。单靠着一粒一粒孤军无援的细胞作战，是不济事的。我必须用大队的兵马来进攻。例如人得伤寒之病，是因为他所吃的食物里，早就有我的菌众伏在那里繁殖了。

第四要看我的战术。我要攻入血管，有时需勾结蚊子、臭虫和虱子之类的吮血虫做我的先驱，做我的桥梁。

第五要看我的武器。我有时又使用毒素之类凶险的武器。那毒素是屠杀动物细胞最厉害的利器。我常伏在人、兽之身的一个小角落里施放这毒素。

总之，不论用什么法子，从哪一个门户进攻，我的大队兵马一旦冲进了血管里面，占领了血河，在血的狂流中横冲直撞，战胜了白血球，压倒了抗体，解除了血液的武装，把一个个红血球里的血色素尽量吃光，这个人的生命就不保了。

人死后，埋了拉倒，我可在那尸体里大餐大宴，那就是我的菌众庆功论赏的时候了。

不幸，近来殡仪馆的人，得到了消毒的秘诀，常把尸身浸在杀菌的药水里。又不幸，有些地方的民俗常用火葬，把尸体全烧成灰，那真是我的晦气。我不料在完全侵占了人身之后，竟同趋于灭亡，我的全军覆没了。这也许是人类的焦土政策吧！

写一写，练一练

1. 判断。

青黄色的车轮状血球，直径7.5微米，体积2.5立方微米，没有细胞核。
（　　　）

2. 填空。

车轮状血球里最珍奇的一种食宝是（　　　）。

CHAPTER
乳峰的回顾

红润而滑腻的肠壁，【 形容词："红润""滑腻"准确地写出了新生婴儿肠壁的颜色和性质状态，用词准确。】充满了血腥和乳臭的气味，壁上的黏膜还不十分完整，黏膜里一排一排的上皮细胞还不十分紧连密接，从胃的下口不时流进了一滴滴雪白的乳汁。

这是一个新生婴儿的肠腔。在这样的一个新肠腔里，我是第一个小旅客。我就是伏在那些乳汁里面混进来的呀。

这时候，肠腔里的情形很荒凉，寂寞的空气笼罩着我的四周，一点杂色的货物也没有，就是流进来的乳汁，一忽儿也都自干了，剩下我，孤单地在肠道彷徨着。

虽然，我知道，不久就会热闹起来，不久将有更多的乳汁流进，含有各种不同性质的食物也会源源而来，那时我的远近亲友，微生物界里形形色色的分子，都会争先恐后地齐来垦殖这新开拓的土地。【 成语：写出了各类微生物分子入侵新生婴儿肠腔时争着向前、唯恐落后的场面。】

然而，目前这婴儿肠腔里的环境，是那么冷落空虚，孤独的心情压迫着我，使我再也不能忍受下去了。曲折蜿蜒的肠子，又不停地在蠕动着，震荡得我几乎要晕倒在它的黏液中了。

在黏液中，我似梦非梦地在独自思念着，想起了无限缠绵悱恻的往事。

我想起了占领"人山"的经过。自从我那回攻入她的血管以后，我的生活就非常紧张，没有一刻不在战斗中度过，而且还有与人同归于尽的危险。于是我不得不去另觅出路了。

我在"人山"上爬行，常望见她的胸前有两座圆而高耸的乳峰，遥遥相对着。我初以为它们是和熄灭了的火山一样，极其平静无事的。【比喻：把乳峰比作熄灭了的火山，把乳峰那异常安静的样子生动形象地表现了出来。】我抱着好奇的心理到那峰口去探望。

我就从这峰口进去，一进去便是一个萎缩了的空囊，曾贮藏过什么东西似的。再进就是自来水管似的圆洞，一共有15洞至20洞之多。愈入愈深，那圆洞也愈分愈细，最后到了一间最小的空房，便碰了壁，不能再前进了。

我沿途都望见有厚厚薄薄的结缔组织，包围着乳洞乳房的墙壁。在那壁上，我又看见有不少的脂肪在填积着。我想，那乳峰之所以会那样肿胖而隆起，【好词："肿胖""隆起"形象而准确地刻画出了乳峰的形状特点，用词贴切生动。】大约就是这些结缔组织和脂肪在撑持着吧。可是，有的"人山"上的乳峰并不怎么高，有时竟萎缩到像平地上的一个小阜而已，那就是因为脂肪太缺少，结缔组织又都已退化了吧。

我陡然地，又在那些结缔组织里面，发现了神经的支末，发现了动脉和静脉的血管、微血管，以及淋巴管之类的东西在跳动着。我想，神经和血管都派有代表在这儿驻扎，那不久一定就会发生大变动啊。于是我就静伏在乳峰的四周，不时又爬到那峰口去窥探，打听有什么消息。

许久，许久，一点动静也没有。那"人山"却一天比一天长大起来了，山地上涌出的油和汗也加多了，那两座乳峰总是那么沉寂。我失望了。我就离开了这"人山"，又飘到了别的"人山"上去视察了。

我这样地辗转流徙，到过不少的"人山"，登上了不少的乳峰，最后我来到了一座丰满而肥大的"人山"，那山上的乳峰也格外高耸而膨胀，我觉着有些异样，忽然如地震一般，那"人山"动荡得非常厉害，又如雷响一般，"哇"的一声，什么东西坠地了。【夸张：这句话使用了夸张的修辞手法，把乳峰震荡的剧烈程度和婴儿啼哭的声音之大形象地表现了出来。】

我惊慌了，我疲乏了，我昏然地跌倒在那散满了油汗的山地上。过了几个小时，我正懒洋洋地躺在那儿休息，忽然一盆温水似的液体，从上头浇下来，我的细胞浑身都透湿了。我往周围一看，望见像山巅积雪融化了似的，白茫茫的乳汁，从那峰口涌出，滚滚而下。

在那白茫茫的乳汁里，我遇见了不少的小乳球，不少的珍物奇货，都是脂肪、糖、蛋白质之类的好东西，都是我的顶上等的食品，我真喜出望外了。

脂肪之类，有"液脂""软脂""磷脂"等，都非常可口。

糖之类，就有那著名的乳糖，我所爱吃的。

蛋白质之类，有干酪素、乳球蛋白、胆脂素、尿素、肌肉素等，都是不可多得的。

此外，还有酵素，还有无机盐，还有其他零星的小东西，如药料、香料等，数也数不清了。

有这样多、这样美的食品，装在一颗一颗的小乳球里，在白茫茫的乳汁中荡漾着，我可以大吃特吃了。

我吃过了乳球，觉得它比血球更好吃，而且乳汁里没有白血球在巡逻着，没有抗体在守卫着，虽也有一点杀菌的力量，可是薄弱得很，那我是不必怕的。况且乳汁又不像血液那样密密地包封在血管里面，它终于是要公开地流露在外界的。好了，那我要吃乳球是便当的事了。

然而，真奇怪，这么多的乳球和乳汁是从哪里跑出来的呢？好奇的心理又引我重新爬进那峰口里去探视。

这时候，萎缩的孔囊已经高涨起来了。乳洞乳房里，都涨满了乳汁。结缔组织已经大大地减少了。乳房壁上的细胞，一个个都异常地活跃。我看见有几粒立方形的细胞，正在渐渐地拉长，变成圆柱形了，在它的一头，一点一点的油点，不停地涌出。这些油点，积少成多，不久就结成了一颗大得可观的乳球，比我的身子要大了好几倍。<u>这些乳球，又愈聚愈广，出了乳峰之口，如喷水池喷水一般倾泻而下了。</u>【🔍比喻：使用比喻修辞，把乳球流出比作喷水池喷水，生动形象地写出了乳球流出时剧烈的样子。】

我记得，当我在血河里抢吃红血球的时候，似乎并未遇见过干酪素和乳糖之类的东西。显然地，这些罕见的东西，是乳球所特有的，是乳房壁上的细胞自己制造出来的。不但如此，就是乳汁里的脂肪，它的内容，也和血液里的脂肪有些不同；就是乳汁里所含的各种无机盐的成分，和血液里所含的无机盐的成分也不一样。这样看来，在内容上，乳汁比血液是更复杂丰富而精美的了。

然而乳汁，在原料上，无疑还是仰给于血液，还是红血球把它运送来的。那么，血管与乳房之间是有路可通的了。

我在血河里，正苦没有正当的出路，到了没有法子的时候，也只得随着眼泪、汗汁、尿水、鼻涕、口津、痰之类人们所厌弃的流液而出奔，不然"人山"一旦崩溃，我将随着它的尸身，又回到我的土壤故乡去了。这是我所不愿意的。

我一生最大的希望，最有野心的企图，就是征服"人山"，尤其是幼小无力的"人山"，开拓我的新殖民地，使我族可以无限制地繁殖下去。现在我既发现了这乳峰里的秘密，就可以布置新的交通网了。

我可以从血管里冲进乳房，在乳囊里集中，在乳峰口会合出发，一喷就喷到婴儿口里去了。我知道乳汁的环境是非常温暖而舒适的，在它的浸润中，我绝不至于冻饿，一到了婴儿的肚肠里，我更是饱暖无忧了。

然而，人到底是爱干净的动物，现代人的母亲更加讲究了。在哺乳之前，必有一番清洁的准备，用硼酸水或用酒精来洗刷她的乳峰，在这种消毒力量威胁之下，伏在乳峰四沿的我早已四散逃避了。

然而，我有一群淘气的孩子会从血管里冲过来，预先和乳汁混在一起，有荚膜的鼓起它们的荚膜，有鞭毛的舞着它们的鞭毛，怒气冲冲地，预备一出去，一踏上婴儿的食道，就大显身手。【🐛 动作描写：通过对细菌们的动作描写，准确细致地表现了它们伴随乳汁侵入婴儿体内时威风凛凛的样子，生动形象。】不幸，这消息已被科学先生侦察到了。讨厌的科学先生就大肆提倡什么验血验乳的勾当。什么"梅毒反应"，什么"结核菌素反应"之类，都是故意与我为难，禁止我再入婴儿的口，绝我求生之路，我真愤恨极了。

"人山"上的戒备既是这样严密，我的这一个侵略婴儿的计划算是失败了，于是我又有占领"牛山""羊山"上的乳峰作为攻人的根据地。

其实，大如老虎狮子，小如兔儿鼠子，哪一个哺乳类动物的乳峰上没有我的踪迹？正因为牛和羊的乳汁，是被人类夺去了作为日常的饮料，这些乳汁到人口之前，不知要经过多少曲折、多少跋涉，这之间，我就有机可乘，所以我特别爱好在它们的乳峰上盘桓，等候着机会的来临，等候着乳峰的开放。

在"牛山"上的乳峰开放了以后，我的菌众就纷纷地争来求食了。

有的从牛粪里飞上了"牛山"，又由"牛山"辗转而来到了乳峰之下。有的从牧场上的灰尘泥土奔来，有的从摄乳的人的手指上、喉咙里、衣服上送来，又有的就预先伏在乳桶、乳锅、乳瓶、乳杯里等候了。【📏 排比：这里用排比的句式将细菌的无处不在、无处不有的特点表现得淋漓尽致，一气呵成，颇有气势。】从乳峰到人口，凡是乳汁游行所必经之路，一站一站无不有我的兵队，在黑暗里埋伏着。

乳汁来了，它把乳峰内外四旁的菌众，都冲到乳桶里去了。乳汁是最适合我的胃口的滋补品，于是我的菌众在那儿迅速地繁殖起来了。

所有普通的没有消毒过的牛乳，一到了人口，已满载着我的菌众，我的菌众之多，实足以惊人，为卫生家所嫉视，科学先生为了这问题，更担心了。他们曾费了一番苦心来研究。据他们的报告，在一切饮用的流液之中，我的数目，当以牛乳里所含为最多。于是他们就定下了一种检查牛乳的法规，要加我以限制。我吃牛奶而已，与他们有什么相干？难道人可夺母牛之乳而饮，就不许我在奶汁里沾一点光吗？

我到了乳汁里之后，就择所好而吃，牛乳的内容本来也和人乳一样丰富，不过它的干酪素较多，它的乳糖、它的脂肪则较少罢了。

我吃了乳糖，把它化成乳酸，这样含有乳酸气味的酸牛奶，常为欧美人士所喜吃，说是有助于消化，可以治胃肠的病，可见我的生活过程，对于人类，不全是有害的，有时还有很大的好处，这酸牛奶的功用便是一个好例子。以后我还要举出许多别的例子来，这里不再唠叨了。

有时我吃了乳糖，不但产酸，而且产气，所产的酸，又不是乳酸，而是带点苦味的醋酸，那牛乳人就不肯吃了。

我在乳汁中，又会放出两种酵素：一种有分解干酪素的力量，一种会破散其他的蛋白质。那乳汁先凝结成乳块，再化成清清的乳水。

至于乳汁里的脂肪，我也常吃，吃了就把那脂肪"碱化"了，使那乳汁又变成黄黄的透明之水了。

在上述这些情形之中，在我大吃特吃之后，乳汁都发生了重大而显著的变化，人眼可望而见，人鼻可嗅而知，人口可拒之而不饮，就不至于发生什么变故了。

然而有时"牛山"上的情形很恶劣，山谷里尽是乌烟瘴气，我的一群淘气的孩子已在山里东冲西突，乱抢乱劫，它们一得到乳峰开放的消息，一定会狂奔而来，混在乳汁里捣乱哪！

在我的菌众中，它们是最刁滑无比的一群，【 **形容词**："刁滑无比"生动形象地表现了细菌里最厉害的一部分行事非常蛮横的样子，非常生动。】它们可以不动声色地偷偷地在那里吃乳。它们吃过了之后，那乳汁也不会发生任何变化，人若不知不觉地吃了这样的乳汁，那才危险哩。

就这样，我的这一群野孩子就随着乳汁深入人身的内部去了。它们行凶造成不幸的事件就有结核、伤寒、副伤寒、痢疾、白喉、猩红热、脓毒性的喉痛，乃至于"布鲁氏菌病"之类的疫病。不知什么时候这消息又被科学先生的情报处所侦知了。于是在"人山"的食洞里，在乳汁所走过的路途上，在"牛山"的乳峰里，他们就大肆搜捕我的菌众，我的儿孙们无辜而被牵连入狱者不计其数。

最后，科学先生得到了完全的罪证，他们才知道，这些从乳汁所传染来的疫病，都是我那一群淘气的孩子所干的事，和我普通的菌众无干。

他们又发现了我的孩子们的弱点。我那些淘气的孩子，都是顶怕热的微生物，温度一过了60℃（140°F），经过20分钟之久，它们就要死尽了，而其他于人无害的菌众，则仍可以在这热度中偷生。

所以在今日，牛奶的消毒，都是根据了这个原理。这似乎是他们顾全了我全体菌众的生命，不用蒸煎的法子来歼灭我的全部，而其实是他们为着自己的利益，因为牛奶一经煮开，它滋养的内容就会损坏不少哇。

我听说，这种消毒法，又是那位胡子科学先生所想出来的，他真是处处和我为难。哎呀，那胡子，他真是我的老对头！

写一写，练一练

1. 填空。

有些细菌是怕热的，所以它们不能在（　　　）以上的温度里待20分钟。

2. 判断。

乳汁的成分并不比血液复杂，而且营养也不丰富。（　　　）

CHAPTER

食道的占领

谋食的问题真够复杂而矛盾的。

除了无情的水、无情的空气、无情的矿盐之外，一切生命的原料，都是有情的东西，都是有机体，都是各种生物的肉身。

地球上各种生物，都有吃东西的资格，也都有被吃的危险。不但大的要吃小的，小的也要吃大的。不但人类要宰鸡杀羊，寄生虫也要拿人血人肉来充饥。这不是复仇，不是报应，这是生物界的一贯规律：生存竞争。

在生物界中，我是顶小顶小的生物，我要吃顶大顶大的东西，【对比：把细菌自身和所吃食物的大小进行对比，形象地写出了细菌的威力。】不，我什么东西都要吃，只要它不毒死我。一切大大小小的生物，都是我吃的对象。因此，我认为我谋食最便当的途径，就是到动物的食道上去追寻。我渺小的身体，哪一种动物的食道去不得？

为了追求食料，我曾走遍天下大小动物的食道。在平时，我和食道的老板，都能相安无事。我吃我的，它消化它的。有时，我的吃，还能帮助它的消化呢。牛羊之类吃草的动物，它们的肚肠里若没有我在帮助它们吃，那些生硬的草的生硬的纤维素，就不易消化呀。

虽然，有些动物的食道，我是不大愿意去走的。蝎儿的肠腔我怕它太阴毒，某种蠕虫的肚子我嫌它太狭窄。北极的白熊，印度的蝙蝠，它们的食道，我也很少去光顾，我受不了不良环境与气候的威胁呀！

我到处奔走求食，我在食道上有深久的阅历，我以为环境最优良、最丰腴的食道，要推举人类的肚肠了。这在前面我已宣扬过了：

人类的肚肠，是我的天堂，

那儿没有干焦冻饿的恐慌，

那儿有吃不尽的食粮。

人类这东西，也是最贪吃的生物，他的肚子，就是弱小动植物的坟墓，生物到了他的口里，早已一命呜呼了。独有我菌儿这一群，能偷偷地渡过他的胃汁，于是他肠子里的积蓄，就变成我的粮仓食库了。【🐿比喻：使用比喻的修辞手法，将人类肠子里的细菌非常多的样子形象地表现了出来。】在消化过程中的菜饭鱼肉，就变成我的沿途食摊了。在这条大道上，我一路吃，一路走，冲过了一关又一关，途中风光景物，真是美不胜收，几乎到处都拥挤不堪，我真可谓饱尝人中的滋味了。虽然，我有时也曾厌倦了这种贵族式的油腻的生活，真巴不得早点溜到肛门之外呀。

然而，在平时，我的大部分菌众，始终都认为人类的肚肠是我最美满的乐土，尤其是在这人类称霸的时代，地球上的食粮尽归他所统治，他的食道，实在是食物的大市场、食物的王国呀。我若离开他的身体再到别的地方去谋生，那最终是要使我失望的呀。

这种道理，我的菌众似乎都很明白，因此，不论远近，只要有机可乘，我就一跃而入人类的大口。这是占领食道的先声。

在他的大口里，就有不少的食物的渣滓及皮屑，都是已死去的动植物的细胞和细胞的附属品，在齿缝舌底之间填积着，可供我浅斟慢酌，我也可以兴旺一时了。然而，我在大口里，老是站不住脚。口津如温泉一般滚流不息，【🐿比喻：把口津比作温泉，生动形象地写出了唾液非常多的样子。】强盛的血液又使我战栗，吞食的动作又把我卷入食管里面去了。不然的话，我一旦得势，攻陷了黏膜，那张堂皇的大口，就要臭烂出脓了。

到了食管，我顺着食管动荡的力量，长驱直入，我的先头部队，早已进抵胃的边岸了。"扑通"一声，我堕入黑洞洞、热滚滚、酸溜溜、毒辣辣的胃汁的深渊里去了。【⚘形容词："黑洞洞""热滚滚""酸溜溜""毒辣辣"几个形容词将胃汁的特点表现得淋漓尽致，用词准确形象。】不幸我的大部分菌众都白白地浸死了。剩下了少数顽强的分子，它们有油滑的荚膜披体，有坚实的芽孢护身，一冲就冲过了这食道上最险恶的难关，安然到达胃的彼岸了。

有的人，胃的内部受了压迫，酿成了胃细胞怠工的风潮，胃汁产量不足，酸度太淡，消化力不够强，我就不怕他了，就是从来渡不过胃河的菌众，现在也都踉踉跄跄地过去了。

有的时候，胃壁上陡地长出一团怪东西，是一种畸形的、多余的发育，科学先生给它一个特殊的名称叫作"癌"。癌，这不中用的细胞的大结合，就被我毫不客气地占领了，作为我攻人的特务机关了。

一越过了有皱纹的胃的幽门，食道上的景色就要一变，变成了重重叠叠的、有"绒毛"的小肠的景色了。酸酸的胃汁流到了这里，就渐渐地减弱了它的酸性。同时，黄黄的胆汁自肝来，清清的胰汁自胰腺来，黏黏的肠汁自肠腺里涌出，这些人体里的液汁，都有调剂酸性的本能。经过了胃的一番消化作用的食物，一到小肠，就渐渐成为中间性的食物了。中间性是由酸入碱必经的一个段落。在这个段落里，我就敢开始我吃的劳作了。

不过，我还有所顾忌，就是那些食物身上还蕴蓄着不少的"缓冲的酸性"，随时都会发生动摇，而大好的小肠，又有了变成酸溜溜的可能。所以在小肠里，我的菌众仍是不肯长久居留，我仍是不大得意的呀！

蠕动的小肠，依照它在食道上的形势，和它的绒毛的式样，可分为三大段。第一段是十二指肠，全段只有十二个指头并排在一起那么长，紧接着是胃的幽门。第二段是空肠，食物运到这里，是随到随空的，不是被肠膜所吸收，就是急促地向下推移。第三段是回肠，它的蜿蜒曲折千回百转的路途，【❀用词准确："蜿蜒曲折""千回百转"两个词形象地写出了回肠弯弯曲曲的形状特点，贴切准确。】急煞了混在食物里面的我，我的行动是受了影响了，而同时食物的大部分珍美的滋养料，也就在这里，都被肠壁的细胞提走了。

我辛辛苦苦地在小肠的道上，一段一段地推进，一步一步我的胆子壮起来了。不料刚刚走到酸性全都消失的地方，好吃的东西，出其不意地，又都被人体的细胞抢去吃了。我深恨那肠壁四周的细胞。

小肠的曲折，到了盲肠的界口就终止了。盲肠是大肠的起点。在盲肠的小角落里，我发现了一条小小的死巷堂，是一条尾巴似的突出的东西，食物偶尔坠落进去，就不得出来。我也常常占领了它作为攻人的战壕，因此"人山"上就发生了盲肠炎的恐慌。

到了大肠了。大肠是一条没有绒毛的平坦大道，在"人山"的腹部里面绕了一个大弯。已经被小肠榨取去精华的食物，到了这里，只配叫作食渣了。这食渣的运输极其迟缓，愈积愈多，拥挤得几乎透不过气。我伏在这食渣上，顺着大肠的趋势，慢慢往上升，慢慢横着走，慢慢向下降，过了乙状结肠，到了直肠，这是食道上最后的一站，就望见肛门之口，别有一番天地了。

食渣一到了大肠的最后的一段，一切可供为养料的东西，都已被肠膜的细胞和我的菌众洗劫一空了，所剩下的只是我无数菌众的尸身和不能消化的残余，再染上胆汁之类的彩色，简直只配叫作屎了。屎这不雅的名称，倒有一点写实的意思呀。

多事的科学先生，曾费了一番苦心去研究屎的内容，他们发现了屎的总量的1/4至1/3都是"尸"，"尸"是就我而言的。据说，我的菌群，从成人的肛门口所逃出的，每天总有8克重量，真不算少，估计起来，约有128000000000000000000之多的菌尸。128之后，又拖上了18个零，这数字是多么惊人。由此可以想见大肠里的情形是如何热闹了。

然而，在十二指肠的时候，我新从死海里逃生，我的神志，犹昏昏沉沉，我的菌数，殆寥寥无几，这些大肠里异常热闹的菌众，当然是到了大肠之后才繁殖出来的。我的先头部队，只须在每一群中，各选出几位有力的代表，做开路的先锋，以后就可以生生世世在肠腔里传子传孙了。

在我的先头部队之中，最先踏进肠口的，【✍ **动词**："踏进" 准确、形象地写出了细菌来势汹汹的样子。】是我的一个最可疼的孩子。它是不怕酸的一员健将，它顶顶爱吃的东西就是乳酸。它常在乳峰里鬼混，它混在乳汁里面悄悄地冲进婴儿的食道里来了。在婴儿寂寞的肠腔里，感到孤独悲哀而呻吟的，就是它。它还有一位性情相近的兄弟，那是从牛奶房里来的，也老早就到"人山"的食道上了。

在婴儿断乳以前的肠腔，这两弟兄是出了十足的风头，红极一时的。婴儿一断了乳，四方的菌众都纷纷而至，要求它俩让出地盘。它们一失了势，从此就沉默下去了。

这些后来的菌众之中，最值得注意的，是我的两个最出色的孩子，这两个都是爱吃糖的孩子。它们吃过了糖之后，就会使那糖发酵。发酵是我菌儿特有的技能。为了发酵，不知惹出了多少闲气来，这是后话不提。

这两个孩子，一个就是鼎鼎大名的"大肠杆菌"，看它的名字，就晓得它的来历。它的足迹遍布天下动物的肚肠，只有鱼蛤之类冷血动物的肠腔，它似

人力车夫张着大嘴喘息着奔跑，细菌趁机跑进他的肚子里去了

乎住不惯。科学先生曾举它做粪的代表，它在哪儿，哪儿便有沾粪的嫌疑了。

那另一个，也有游历全世界肚肠的经验。它身上是有芽孢的，它的行旅是更顺利了。不过，它有一种怪脾气，好在黑暗没有空气的角落里过日子，在有新鲜空气的地方，反而不能生存下去。这是"厌气菌"的特色。肚肠里的环境，恰恰适合了它这种奇怪的生活条件。

我的孩子们有这种怪脾气的很多，还有一个，也在肚肠里谋生。它很淘气，常害人得破伤风，在肠腔里，它却不作怪。你们中国北平工人的肠腔里，就收留了不少它的芽孢。这大概是由于劳苦的工人多和土壤接近吧！我的这个孩子本来伏在土壤里面。尤其是在北平，大风刮起漫天的尘沙，<u>人力车夫张着大口喘息不定地在奔跑，它的机会就来了。</u>【📌神态描写：通过对人力车夫的神态描写，将其拉车时的样子刻画得淋漓尽致。】

其实，我要攀登"人山"上食道的机会，真多着呢！哪一条食道不是完全公开的呢？我的孩子们，谁有不怕酸的本领，谁能顽强抵抗人体的攻击，谁就能一堑一堑冲进去了。在这"人山"正忙着过年节的当儿，我的菌众就更加活跃了。

我虽这样地占领了食道，占领了人类的肚肠，却仍逃不过科学先生灼灼的目光。有时人们会叫肚子痛，或大吐大泻，于是他们的视线，又都汇集到我的身上了，又要提我到实验室审问去了。那胡子的门徒又在作法了，号称天堂的肚肠，也不是我的安乐窝了。唉！真晦气！

✏️ 写一写，练一练

1. 填空。

曾被作为粪的代表，有它的地方便有沾了粪的可能的细菌指的是（　　）。

2. 判断。

所有动物的食道，细菌都很乐意去游历。（　　）

CHAPTER

肠腔里的会议

崎岖的食道，纷乱的肠腔，
我饱尝了糖类和蛋白质的滋味。
我看着我的孩子们，一群又一群，
齐来到幽门之内，开了一个盛大的会议，
有的鼓起芽孢，有的舞着鞭毛，
尽情地欢宴，尽量地欢宴。
天晓得，乐极悲来，好事多磨，
突然伸来科学先生的怪手，
我又被囚入玻璃小塔了，
无情之火烧，毒辣之汁浇，
我的菌众一一遭难了。
烧就烧，浇就浇，我始终不屈服！
他的手段高，我的菌众多，我永远不屈服！
这肠腔里的会议是值得纪念的。
这肠腔里的"菌才"是济济一堂的。

从寂寞婴儿的肠腔，变成热闹成人的肠腔，我的孩子们，先先后后来到此间的一共有八大群，我现在一群一群地来介绍一下吧。

俨然以大肠的主人自居的"大肠杆菌"；<u>酸溜溜从乳峰之口奔下来的"乳酸杆菌"</u>；【 形容词："酸溜溜"将"乳酸杆菌"的味道形象地表达了出来。】以不要现成的氧气为生存条件的"厌氧杆菌"：这三群孩子我在前一章已经提出，这里不再啰唆了。其他的五大群呢？其他的五大群也曾在肠腔里兴旺过一时。

第四群，是"链球儿"那一房所出的，它的身子是那样圆圆的小球似的，有时成串，有时成双，有时单独地出现。【✿ 外形描写：这句话通过对第四群细菌的外形描写，让我们对它们的形状和状态有了个大致的印象，形象生动。】科学先生看见它，吃了一惊，后来知道它在肚子里并不作怪，就给它起了一个绰号，叫作"吃屎链球菌"。"链球菌"这三字多么威风！这是承认它是肺港之役曾出过风头的吃血链球菌的小兄弟了。而今乃冠之以"吃屎"，是笑它的不中用，只配吃屎了。我这群可怜的孩子，是给科学先生所侮辱了。然而这倒可以反映出它在肠腔里的地位呀！

第五群，是"化腐杆儿"那一房所出的，它的小棒儿似的身体，蛮像大肠杆菌，不过，它有时变为粗短，有时变为细长，因此科学先生称它作"变形杆菌"。它浑身都是鞭毛，因此它的行动极其迅速而活泼。【✿ 形容词："迅速""活泼"把"变形杆菌"活动起来的样子准确传神地表现了出来，贴切形象。】它好在阴沟粪土里盘桓，一切不干净的空气，不漂亮的水，都有它的踪迹。它爱吃的尽是些腐肉烂尸及一切腐败的蛋白质，它真是腐体寄生物中的小霸王。它在哪儿发现，哪儿便有臭腐的嫌疑。它闻到了这肠腔里臭味冲天，料到这儿有不少腐烂的蛋白质在堆积着，因此它就混在剩余的肉汤菜渣里滚进来了。

在肠腔里，它虽能安静地干它化解腐物的工作，但它所化解出来的东西，往往含有一点毒质，使肠膜的细胞感到不安。科学先生疑它和胃肠炎的案件有关，因此它就屡次被捕。如今这案件还在争讼不已，真是我这孩子的不幸。

第六群，是"芽孢杆儿"那一房所出的。也是小棒儿似的样子，它的头上却长出一颗坚实的芽孢。它的性儿很耐，行动飞快。它的地盘也很大，乡村的土壤和城市的空气中，都寻得着它。它爱喝的是咸水，爱吃的是枯草烂叶。它也是有名的腐体寄生物，不过它的寄主多数都是植物的后身，因此科学先生呼它作"枯草杆菌"。它大概是闻知了这肠腔里有青菜萝卜的气味，就紧抱着它的芽孢，而飘来这里借宿了。【✿ 动作描写：这一系列的动作具体地将第六群细菌入侵肠腔的轻易程度准确地传达了出来，生动贴切。】有那样坚实的芽孢，胃汁很难浸死它，它这一群冲进幽门的着实不少哇。

在新鲜的粪汁里,科学先生常发现一大堆它的芽孢。它又常到实验室里去偷吃玻璃小塔中的食粮,因此实验室里的掌柜们都十分讨厌它。但因为它毕竟是和平柔顺的分子,在大人先生的肚子里并没有闹过乱子,科学先生待它也特别宽容,不常加以逮捕。这真是这吃素的孩子的大幸。

第七群,是"螺旋儿"那一房所出的。它的态度有点不明,而使科学先生狐疑不定。它一被科学先生捉了去,就坚决地绝食以反抗,所以在那玻璃小塔里,是很难养活它的。后来还亏东方木屐国有一位什么博士,用活肉活血来请它吃,它的真相乃得以大明。它的像螺丝钉一般的身体,弯了一弯又一弯,真是在高等动物的温暖而肥美的血肉里娇养惯了,【✿ 形容词:"温暖""肥美"说明了高等动物的血肉非常适合细菌生存,准确形象地显示了第七群细菌的爱好。】一旦被人家拖出来,才会那样难养。大概我的孩子们过惯了人体舒适的生活,都有这样古怪的脾气,而这脾气在螺旋儿这一群,是显得格外厉害的了。

即便如此,我这螺旋儿,有时候因为寻不着适当的人体公寓,也暂在昆虫小客栈里借宿,以昆虫为"中间宿主"。在形态上,在性格上本来已经有"原动物"的嫌疑的它,更有什么中间宿主这秘密的勾当,愈发使科学先生不肯相信它是我菌儿的后裔了。于是就有人居间调停了,叫它作"螺旋体"(一类无芽孢的原核生物),说它是生物界的中立派。这些都是科学先生的事,我何必去管。

我只晓得,它和我的其他各群孩子过从很密。在口腔里,在牙龈上,在舌底下,我们都时常会见到。在肠腔里,我们也都在一块住,一块吃,它也服服帖帖的并不出奇生事。要等它溜进血川血河里,这才大显其身手,它原是血水的强盗。不过它还有一所秘密的巢窝,是人间所讳言的神秘之窟。其实,那有什么了不起呢?我一生成功的秘诀,就在生殖得快而且多呀!正因为人类的生殖器,多为庄严的礼教所软禁,迫得愚夫愚妇铤而走险,这才闹出花柳病的案子、花柳病的乱子了。于是人类生殖器便成为这螺旋儿的势力区了,不然,它也只好平心静气地伏在肠腔里养老哇。

第八群,是"酵儿"和"霉儿"。它们并不是我自己的孩子,而是我的大房二房兄弟所出的,算起来还是我的侄儿哩。它们都是制酒发酵的专家。不过它们也时常到人类肚子里来游历,所以在这肠腔里集会的时候,它们也列席了。

那酵儿在我族里算是较大的个子，它那像小山芋似的胖胖的身体是很容易认得的。它的老家是土壤，它常伏在马蜂、蜜蜂之类的昆虫的脚下飞游，有时被这些昆虫带到了葡萄之类的果皮上，它就在那儿繁殖起来，那葡萄就会变酸了，它也就是从这酸葡萄酸茶之类的食物滚进"人身"的口洞里来了。酒桶里没有它，酒就造不成，这在中国的古人早就知道了，不过看不出它是活生生的生物罢了。它的种类也很多，所造出来的酒也各不相同。法国的酒商曾为这事情闹到了胡子科学先生的面前。

那霉儿，它的身子像游丝似的，几个十几个细胞连在一起。【🖋 外形描写：这句话从细胞的排列和身体方面描写了霉儿纤细的外形特点，让我们对它有了深刻的印象。】它是无所不吃的生物，它的生殖力又极强，气候的寒热干湿它都能忍耐过去，尤其是在四五月之间毛毛雨的天气里，它最盛行了。因此它的地盘之大，我的菌众都比不上。它有强烈的酵素，它所到的地方，一切有机体的内部都会起变化，人类的衣服、家具、食品等东西都给它毁损了。然而它的发酵作用并不完全有害，人类有许多工业都靠着它来维持哩。

关于这两群孩子的事实还很多，将来也要请笔记先生替它们立传，我这里不过附带声明一声罢了。

以上所说的八大群的菌众，先后都赶到大肠里集会了。

"乳酸杆儿"是吃糖产酸那一房的代表。

"大肠杆儿"是在肠子里淘气的那一房的代表。

"厌氧杆儿"是讨厌氧气那一房的代表。

"吃屎链球儿"是球族那一房的代表。

"化腐杆儿"是吃死肉那一房的代表。

"芽孢杆儿"是吃枯草烂叶那一房的代表。

"螺旋儿"是螺旋那一房的代表。

"酵儿"和"霉儿"是发酵造酒那两房的代表。

这八群虽然不足以代表大肠的全体菌众，但是它们是大肠里最活跃最显著最有势力的分子了。

在前几章的自传里，我并没有谈到我自己的形态，在本章里我也只略略地提出。那是因为你们是没有福气看到显微镜的大众，总没有机会会见我，我就是描写得非常精细，你们的脑袋里也不会得到深刻的印象啊。在这里，你们只须记得我的三种外表的轮廓就得了：球形、杆形和螺旋形三种啊。

还有芽孢、荚膜、鞭毛也是我身上的特点，这里我也不必详细去谈它。

然而，我认为你们应当格外注意的，就是我在大肠里面是怎样的吃法，这和你们的身体很有利害关系呀。

我的这八群孩子，它们的食癖，总说起来可分为两大派：一派是吃糖，糖就是碳水化合物的代表；一派是吃肉，肉是蛋白质的代表。

它们吃了糖就会使那糖发酵变酸。

它们吃了肉就会使那肉化腐变臭。

这酸与臭就是我在生理化学上的两大作用啊。

然而大肠里蛋白质与碳水化合物的分布是极不平均的。和尚尼姑的大肠里大约是糖多，阔佬富翁的大肠里大约是肉多。

糖多，我的爱吃糖的孩子们，如乳酸杆儿之群，就可以勃兴了。

肉多，我的爱吃肉的孩子们，如化腐杆儿之群，就可以繁盛了。

乳酸杆儿勃兴的时候，是对你们大人先生的健康有益的，因为它吃了糖就会产出大量的酸。在酸汁浸润的肠腔里，吃肉的菌众是永远不会得志的，而且就是我那一群淘气的野孩子，偶尔闯进来，【 ✿ 动词："闯"这个动词形象地写出了细菌横冲直撞的样子。】也会立刻被酸所扫灭了。所以在乳酸杆儿极度繁荣的肠腔里，人身上是不会发生伤寒病之类的乱子的。所以今天的科学医生常利用它来治疗伤寒。

伤寒的确是你们的极可怕的一种肠胃的传染病，是我的一群凶恶的野孩子在作祟。这野孩子就是大肠杆儿那一房所出的。在烂鱼烂肉那些腐败的蛋白质的环境里，它就极容易发作起来。害人得痢疾的野孩子也是这一房所出的。害人得急性胃肠病的也是这一房所出的。它们都希望有大量的肉渣鱼屑，从胃的幽门运进来。还有霍乱那极淘气的孩子，也是这样的脾气。霍乱、痢疾、伤寒这三个难兄难弟和你们中国人是很有来往的，我不高兴去多谈它们了。

就是这些野孩子不在肠腔里的时候，如果肠腔里的蛋白质堆积得过多，别的菌众也会因吃得过火，而使那些蛋白质化解成为毒质。

专会化解蛋白质成为毒质的，要算是著名的"腊肠毒杆儿"了，这杆儿是我的厌气那一房孩子所出的。这些厌气的孩子，身上也都带着坚实的芽孢，既不怕热力的攻击，又不怕酸汁的浸润，很容易就溜进肠腔里来了。【✦动词："溜进"形象地写出了"腊肠毒杆儿"攻击人类肠腔时轻松的姿态。】

那八大群的菌众是肠腔会议中经常出席的，这些淘气的野孩子是偶尔进来列席旁听的。我们所讨论的议案是什么？那是要严守秘密的！

不幸这些秘密都被胡子科学先生的徒子徒孙们一点一点地查出来了。

于是这八大群的孩子，淘气的野孩子以及其他的菌众一个个都银铛入狱，被拘留在玻璃小塔里面了。

这科学先生是要研究出对付我们的圆满的办法呀。

● 写一写，练一练

1. 填空。

既不怕热也不怕酸，能化解蛋白质成为毒质的最有名的细菌是（　　）。

2. 判断。

螺旋儿在找不着合适的人体寄居时，会借住在昆虫身体里，把昆虫当作"中间宿主"。（　　）

第4课：把握名著中的
人物形象 2-2

CHAPTER

清除腐物

真想不到，我现在竟在这里，受实验室的活罪。

科学的刑具架在我的身上，

显微镜的怪光照得我浑身通亮；

蒸锅里的热气烫得我发昏；

毒辣的药汁使我的细胞起了溃伤。

亮晶晶的玻璃小塔里虽有新鲜的食粮，

那儿终究要变成我生命的屠宰场。

从冰箱到暖室，从暖室又被送进冰箱，

三天一审，五天一问，

侦察出我在外界怎样地活动，

揭发了我在人间行凶的真相。

于是科学先生指天画地地公布我的罪状，

口口声声大骂我这微生物太荒唐。

自私的人类，都在诅咒我的灭亡，

一提起我的怪名，

他们不是怨天，就是"尤人"（这"人"是指我）！

怨天就是说："天既生人，为什么又生出这鬼鬼祟祟的细菌，暗地里谋害人命？"

"尤人"的就说："细菌这可恶的小东西，和我们势不两立，恨不得将天下的细菌一网打尽！"

这些近视眼的科学先生，和盲目的人类大众，都以为我的生存是专跟他们作对似的，其实我哪里有这等疯狂？

他们抽出片断的事实，抹杀了我全部的本相。

我真有冤难申，我微弱的呼声打不进大人先生的耳门。

现在亏了有这位笔记先生，自愿替我立传，我乃得向全世界的人民将我的苦衷宣扬。

我菌儿真的和人类势不两立吗？这一问未免使我的小胞心有点辛酸！

【☆心理描写： 对菌儿的心理描写表明了它不愿接受自己和人类已经结了仇怨的现实，揭示了细菌并不真想与人类为敌的本意。**】**

天哪！我哪里有这样的狠心肠，人类对我竟生出这样严重的恶感。

在生存竞争的过程中，哪个生物没有越轨的举动？人类不也在宰鸡杀羊，折花砍木，残杀了无数动物的生命，伤害了无数植物的健康？而今那些传染病爆发的事件，也不过是我那一群号称"毒菌"的野孩子，偶尔为着争食而突起的暴动罢了。

正如人群中之有帝国主义者，兽群中之有猛虎毒蛇，我菌群中也有了这狠毒的病菌。它们都是横暴的侵略者，残酷的杀戮者，阴险的集体安全的破坏者，真是丢尽了生物界的面子！闹得地球不太平！

我那一群野孩子粗暴的行为虽时常使人类陷入深沉的苦痛，这毕竟是我族中少数不良分子的丑行，败坏了我的名声。老实说这并不是我全体的罪过呀！我菌众并不都是这么凶啊！

我在那长年流落的生活中，踏遍了现在世界一切污浊的地方，在臭秽中求生存，在潮湿处传子孙，与卑贱下流的东西为伍，忍受着那冬天的冰雪，被困于那燥热的太阳，无非是要执行我在宇宙间的神圣职责。

我本是土壤里的劳动者，大地上的清道夫，我除污秽，解固体，变废物为有用物。

有人说：我也就是废物的一分子。那真是他的大错、他对于事实的蒙昧了。

我飞来飘去，虽常和腐肉烂尸枯草朽木之类混居杂处，但我并不同流合污，不做废物的傀儡，而是做它的主宰，我是负有清除它的使命的呀！

喂！自命不凡的人类呀！不要藐视了我这低级的使命吧！这世界是集体经

营的世界！不是上帝或任何独裁者所能一手包办的！地球的繁荣靠着我们生物界全体的努力！我们无贵无贱，都要共同合作的呀！

在生物界的分工合作中，<u>我菌儿微弱的单细胞所尽的薄力，虽只有看不见的一点一滴，然而我集合无限量的菌众，挥起伟大的团结力量，也能移山倒海，也能呼风唤雨呀！</u>【✑夸张：突出了细菌团结起来时力量无比强大的样子，也警示人类一定不要小瞧了细菌的威力。】

我悄悄地伏在土壤里工作，已经历过数不清的年头了。我化解了废物，充实了土壤的内容，植物不断地向它榨取原料，而它仍能源源地供给不竭，这还不是我的功绩吗？

我怎样化解废物呢？

我有发酵的本领，我有分解蛋白质的技能，我又有溶解脂肪的特长啊。

在自然界的演变途中，旧的不断地在毁灭，新的不断地从毁灭的余烬中诞生。我的命运也是这样。我的细胞不断地在毁灭与产生，我是需要向环境索取原料的。这些原料大都是别人家细胞的尸体。人家的细胞虽死，但它内容的滋养成分不灭，我深明这一点。但我不能将那死气沉沉的内容，不折不扣地照原样全盘收纳进去。<u>我必须将它的顽固的内容拆散，像拆散一座破旧的高楼，用那残砖断瓦、破栋旧梁，重新改建好几所平房似的。</u>【✑比喻：把细菌的分解比作拆散一座破旧的高楼，生动形象地写出了细菌分解工作的原理，也说明了细菌的分解对生物界有很大的贡献。】

因此，我在自然界里面，有一大部分的职责，便是整天整夜地坐在生物的尸身上，干那拆散旧细胞的工作。虽然有时我的孩子们因吃得过火，连那附近的活生生的细胞都侵犯了，但这是它们的唐突。这也许就是我菌儿所以开罪于人类的原因吧！

那些已死去的生物的细胞，多少总还含点蛋白质、糖类、脂肪、水、无机盐和活力素等六种成分吧。这六种成分，我的小小而孤单的细胞里面，也都需要着，一种也不能缺少。

这六种中间，以水和活力素最容易消失，也最容易吸收，其次就是无机盐，它的分量本来就不多，也不难穿过我的细胞膜。只有那些结构复杂而又坚实的蛋白质、糖类和脂肪等，我才费尽了力气，将它们<u>一点一点</u>地软化下去，<u>一丝一丝</u>地分解出来，【✑用词准确：这两个词将细菌分解工作的精细程度准确地表现了出来，生动贴切。】变成了简单的物体，然后才能引渡它们过来，作为我新细胞建设与发展的材料。

是蛋白质吧，它的名目很多，性质各异，我就统统要使它一步一步地返本归元，最后都化成了氨、一氧化氮、硝酸盐、氮、硫化氢、甲烷，乃至于二氧化碳及水，如此之类最简单的成分了。

这种工作，有个专门名词，叫作"化腐作用"，把已经没有生命的腐败的蛋白质，化解走了。这时候往往有一阵怪难闻的气味，冲进旁观的人的鼻孔里去。

于是那旁观的人就说："这东西臭了，坏了！"

那正是我化解腐物的工作最有成绩的当儿啊！担任这种工作的主角，都是我那一群"厌气"的孩子。它们无须氧的帮忙，就在黑暗潮湿的角落里，腐物堆积的地方，大肆活动起来！【✿用词准确："大肆"一词准确地写出了"厌气"细菌凶猛、放肆的特点，也说明了它们的活动十分猖獗。】

是糖类吧，它的式样也有种种，结构也各不同，从生硬的纤维素，顽固的淀粉到较为轻松的乳糖、葡萄糖之类，我也得按部就班地逐渐把它们解放了，变成酪酸、乳酸、醋酸、蚁酸、二氧化碳及水之类的基本物质了。

是脂肪吧，我就得把它化成甘油和脂酸之类的初级分子了。

蛋白质、糖类和脂肪，这许多复杂的有机物，都是以碳为中心的。碳在这里实在是各种化学元素大团结的枢纽。我现在要打散这个大团结，使各元素从碳的连锁中解放出来，重新组织适合于我细胞所需要的小型有机物，这种分解的工作，能使地球上一切腐败的东西，都现出原形，归还了土壤，使土壤的原料无缺。

我生生世世，子子孙孙，都在这方面不断努力着，我所得的酬劳，也只是延续了我种我族的生命而已。而今，我的野孩子们不幸有越轨的举动，竟招惹人类永久的仇恨！我真抱憾无穷了。

然而有人又要非难我了，说："腐物的化解，也许是'氧化'作用吧！你这小东西连一粒灰尘都抬不起，有什么能力，用什么工具，竟敢冒称这大地上清除腐物的成绩都是你的功劳呢？"这问题，19世纪的科学先生曾闹过一番激烈的论战。

在这里最能了解我的，还是那我素来所憎恨的胡子先生。他花了许多年的工夫，埋头苦干做实验，结果他完全证实了发酵和化腐的过程，并不是什么氧化作用。没有我这一群微生物在活动，发酵是永远发不成功的呀！

我有什么特殊的能力呢？

我的细胞里面有一件微妙的法宝。

这法宝，科学先生叫它作"酵素"，中文的译名有时又叫作"酶"，大约这东西总有点酒或醋的气息吧！

这法宝，研究生理化学的人，早就知道它的存在了。可惜他们只看出它的活动的影响，看不清它的内容的结构，我的纯粹酵素人们始终不能把它分离出来。因此多疑的科学先生又说它有两种了：一种是有生机的酵素，一种是无生机的酵素。

那无生机的酵素，是指"蛋白酵""淀粉酵"之类那些高等动植物身上所有的分泌物。它们无须活细胞在旁监视，也能促进化解腐物的工作。因此科学先生就认为它们是没有生机的酵素了。

那有生机的酵素，就是指我的细胞里面所存的这微妙的法宝。在酒桶里，在醋瓮里，在腌菜的锅子里，胡子的门徒们观察了我的工作成绩，以为这是我的新陈代谢的作用，以为我这发酵的功能是我细胞全部活动的结果，因而以为我菌儿本身就是一种有生机的酵素了。

我在生理化学的实验室里听到了这些理论，心里怪难受的。

酵素就是酵素，有什么有生的和无生的可分呢。我的酵素也可以从我的细胞内部榨取出来，那榨取出来的东西，和其他动植物体内的酵素原是一类的东西。酵素总是细胞的产物吧。虽是细胞的产物，它却都能离开细胞而自由活动。它的行为有点像化学界的媒婆，它的光顾能促成各种化学分子加速结合或分离，而它自己的内容并不起什么变化。

在化学反应的过程中，这酵素永远是站在第三者的地位，保持着自己的本来面目。然而它却不守中立，没有它的参加，化学物质各分子间的关系，不会那样紧张，不会引起突变，它算是有激发化学的变化之功了。

没有酵素在活动，全生物界的进展就要停滞了。尤其是苦了我！它是我随身的法宝。失去它，我的一切工作都不能进行了。

虽然，我也只觉着它有这神妙的作用。我有了它，就像人类有了双手和大脑，任何艰苦的生活，都可以积极地去克服。有了它，蛋白质碰到我就要松，糖类碰到我就要分散，脂肪碰到我就要溶解，都成为很简单的化学物质了。有了它，我又能将这些简单的化学物质综合起来，成为我自己的胞浆，完成我的新陈代谢工作，完成我清除腐物的使命。【排比：这里连用"有了……有了……有了……"的句式，将酵素的功用一口气列举了出来，极度渲染了酵素地位的显赫。】

这样一说，酵素这法宝真是神通广大了。【成语：言简意赅地表现了酵素本领高超、无所不能的特点。】它的内容结构究竟是怎样的呢？这问题，真使科学先生煞费苦心了。

有的说：酵素的本身就是一种蛋白质。

有的说：这是所提取的酵素不纯净，它的身体是被蛋白质所玷污了，它才有蛋白质的嫌疑呀！

又有的说：酵素是一个活动体，拖着一只胶性的尾巴，由于那胶性尾巴的勾结，那活动体才得以发挥它固有的力量啊！

还有的说：酵素的活动是一种电的作用。譬如我吧，我之所以能化解腐物，是由于以我的细胞为中心的"电场"，激发了那腐物基质中的各化学分子，使它们阴阳颠倒，从而使它们内部的结构发生变动了。

这真是越说越玄妙了！

本来，清除腐物是一个浩大无比的工程。【形容词："浩大无比"形象地说明了清除腐物工作的艰难。】腐物是五光十色无所不包的，因而酵素的性质也就复杂而繁多了。每一种蛋白质，每一种糖类，每一种脂肪，甚至于每一种有机物，都需要特殊的酵素来分解。属于水解作用的，有水解的酵素；属于氧化作用的，有氧化的酵素；属于复位作用的，有复位的酵素。举也举不尽了。这些错综复杂的酵素，自然不是我那一颗孤单的细胞所能兼收并蓄的。这清除腐物的责任，更非我全体菌众团结一致地担负起来不可！

酵素的能力虽大，它的活动却也受了环境的限制。环境中有种种势力都足以阻挠它的工作，甚至于破坏它的完整。

环境的温度就是一种主要的势力。在低温度里，它的工作甚为迟缓，温度一高过70℃，它就很快地感受到威胁而停顿了。由35℃到50℃之间，是它最活跃的时候。我有一种分解蛋白质的酵素，能短期地经过沸点热力的攻击而不灭，那是酵素中最顽强的一员了。

此外，我的酵素，也怕阳光的照耀，尤其怕阳光中的紫外线，也怕电流的振荡，也怕强酸的浸润，也怕汞、镍、钴、锌、银、金之类的重金属的盐的侵害，也怕……

我不厌其详地叙述酵素的情形，<u>因为它是生物界一大特色，是消化与抵抗作用的武器，是细胞生命的靠山，尤其是我清除腐物的巧妙的工具。</u>【❂排比：这里用排比句式，将酵素的作用一一列举出来，一气呵成，颇有气势。】

我的一呼一吸一吞一吐，

都靠着那在活动的酵素，

那永远不可磨灭的酵素。

然而，在人类的眼中，它又有反动的嫌疑了。

那溶化病人的血球的溶血素，不也是一种酵素吗？

那麻木人类神经的毒素，不也是酵素的产物吗？

这固然是酵素的变相，我那一群野孩子是吃得过火，

请莫过于仇恨我，这不是我全体的罪过。

您不见我清除腐物的成绩吗？

我还有变更土壤的功业呢！

这地球的繁荣还少不了我，

我的灭绝将带给全生物界以难言的苦恼，

是绝望的苦恼！

● 写一写，练一练

1. 填空。

   酵素在（　　　）到（　　　）之间时最为活跃。

2. 判断。

   在已死去的生物细胞的六种成分中，无机盐最容易消失。（　　　）

CHAPTER
土壤革命

土壤，广大的土壤，是我的祖国，是我的家乡。
我从不知道什么时候起，就把生命隐藏在它的怀中，
我在那儿繁殖，我在那儿不停地工作，
那儿有我永久吃不尽的食粮。
有时我吃完了人、兽的尸肉，就伴着那残余的枯骨长眠；
有时我沾湿了农夫的血汗，就舞起鞭毛在地面上游行。
在神农氏没有教老百姓耕种的时候，
我就已经伏在土中制造植物的食料。
有我在，荒芜的土地可变成富饶的田园；
失去我，满地的绿意，一转眼，就要满目凄凉。
蒙古的沙漠，一片枯黄，
就因为那儿，我没有立足的地方。
在有内容的泥土里，我不曾虚度一刻的时辰，
都为着植物的繁荣，为着自然界的复兴。
有时我随着沙尘而飞扬，叹身世的飘零；
有时我踏着落叶，乘着雨点而下沉；
有时我从肚肠溜出，混在粪中，颠沛流离；
经过曲曲折折的路途，也都回到土壤会齐。
我在地球上虽是行踪不定，
我在土壤里却负有变更土壤的使命。

变更土壤就是一种革命的工作，

是破坏和建设兼程并进的工作。

这革命的主力虽是我的菌众，

也还有不少其他杂色的党员。

土壤，广大的土壤，原是微生物的王国，

并且，是微生物的联邦。

有小动物之邦，有小植物之邦。

在小动物之邦里，有我所痛恨的原虫，有我所讨厌的线虫，有我所望而生畏的昆虫。

在小植物之邦里，有我所不敢高攀的苔藓，有我所引为同志的酵霉，有我所情投意合的放线菌。

这些形形色色的分子，有些是反动的，有些是前进的。

看哪！那原虫，我在"人山"上旅行的时候，已经屡次碰见过了。在肚肠里，酿成一种痢疾的祸变的，不是变形虫的家属吗？在血液里，闹出黑热病的乱子的，不是鞭毛虫的亲族吗？变形虫和鞭毛虫都是顶凶顶狠毒的原虫。它们和我的那一群不安分的野孩子的胡闹，似乎是连成一气的。

它们不但在谋害高贵的人命，连我微弱的胞体也要欺凌。我正在土壤里工作的时候，老远就望见它们了。那耀武扬威的伪足，那神气十足的粗毛，汹汹然而来，好不威风。【✿神态描写：通过对伪足和粗毛的描写，把它们威风的样子刻画得淋漓尽致，生动形象。】只恨我，受了环境的限制，行动不自由，尽力爬了24小时，爬不到1英寸（1英寸＝2.54厘米），哪里回避得及，就遭它们的毒手了。

这些可恶的原虫所盘伏的地层，也就是我所盘伏的地层。在每一克重的土块里，它们的群众，有时有100万以上，少的也有好几百，其中以鞭毛虫占多数。它们的存在，给我族的生命以莫大的威胁。它们真是我的死对头。

看哪！那线虫，也是一种阴险而凶恶的虫族，其中以吸血的钩虫尤凶。它借土壤的潜伏所，不时向人类进攻。中国的农民受它的残害者，真不知有多少。它真是田间的大患。这本与我无干，我在这里提一声，免得你们又来错怪我土壤里的孩子们了。

看哪！那昆虫，如蚯蚓蚂蚁之徒，是土壤联邦显要的居民。它们的块头颇大、面目狰狞、有些可怕、钻来钻去，【🔍外形描写：对昆虫的身材和面部进行描写，生动形象地写出了它们在细菌眼里可怕的样子。】骚扰地方，又有些讨厌。不过，它们所走过的区域，土壤为之松软，倒使我的工作顺利。我有时吃腻了大动物的血肉，常拿它们的尸体来换换口味，也可以解解土中生活的闷气。

这些土壤里的小动物的举动，在我们土壤革命者的眼中，要算是落后，而且有些反动的嫌疑了。

土壤里小植物之邦的公民，就比较先进了。

虽然那苔藓之群，它们的群众密布在土壤的上层，它们有娇滴滴的胞体，绿油油的色素，能直接吸收太阳的光力，制造自己的食粮。然而它们对于土壤的革命，有什么贡献呢？恐怕也只是一种太平的点缀品，是土壤肥沃的表征吧。它们可以说是土壤国的少爷小姐，过着闲适的生活了。

土壤里真正的劳动者，算起来都是我的同宗。酵儿和霉儿就是那里面很活跃的两种。

酵儿在普通的土壤里还不多见，但在酸性的土壤里，在果园里，在葡萄园里，我常遇着它们。没有它们的工作，已经被抛弃在地上的果皮花叶，一切果树的残余，怎么会化除完尽呢？

霉儿过着极简单的生活，在各样各式的土壤里我都遇到它们。它们这一房所出的角色真不算少：最常见的，有"头状菌"，有"根足菌"，有"曲菌"，有"笔头菌"，有"念珠状菌"，这些怪名都是描写它们的形态的。它们在土中，能分解蛋白质为氨，能拆散极坚固的纤维素。【✒形容词："坚固"这个词既写出了纤维素的质地，也体现了各种霉儿的拆散能力之强。】酸性的土壤，是我所不乐居的，它们居然也能在那儿蔓延，真是做到我所不能做的革命工作了。

和我的生活更接近的，要算是放线菌那族了。它们那柳丝似的胞体，一条条分支，一支支散开。【🔍比喻：把胞体比作柳丝，生动形象地写出了胞体细长的形状和分散的布局。】它们的祖先什么时候和我菌儿分家，变成现在的样子，如今是渺渺茫茫无从查考了。但在土壤里，它们仍同我在一起过活，然而它们的生存条件，似乎比我的严格点，土壤深到了30英寸，它们就渐渐无生望，终至于绝迹了。它们在土壤中最大的任务，是专分解纤维素的，它们似乎又有推动氧化其他有机物之功哩。

最后，我该谈到我自己了，我在土壤联邦里，虽个子最小，年纪最轻，但我的种类却最繁，菌众却最多，革命的力量也最伟大。

我的菌众，差不多每一房每一系，都是在土壤里起家。所以在那儿，还有不少球儿、杆儿、螺旋儿的后代；也有不少硝菌、硫菌、铁菌的遗族。真是济济一堂。

我的菌众估计起来，每一克重的土块中，竟有300万至2亿之多。虽然，这也要看入土的深浅，离开地面2英寸至9英寸之深，我的菌数最多。以后入土越深，我也就越稀少了。深过了4英尺（1英尺＝0.3048米），我也要绝迹。然而，在质地松软的土壤里，我可以长驱直入达到10英尺以内。

有这么多的菌群，在那么大那么深的土壤中盘踞着、繁殖着，无怪乎我声势的浩大，群力的雄厚，我的微生物同辈都赶不上了。

我们这一大群一大群土壤联邦的公民，大多数都是革命的工作者。

土壤革命的工作，需要彻底的破坏也需要基本的建设，因而我们这些公民，又可分为两大派别。

第一派是"营养自给派"，是建设者之群。它们靠着自身的本事，有的能将无机的元素，如硫、氢之类，有的能将无机的化合物，如氨、二氧化氮、硫化氢之类，有的能将简单的碳化物，如一氧化碳、甲烷之类，都氧化起来，变成植物大众的食粮；又有的能直接吸收空气中的二氧化碳，以补充自己。【🐝排比：这里运用排比句式，一口气将"营养自给派"里各分子的效用表现出来，颇有气势。】

在建设工作进行中，这派所用的技术又分两种。有的用化学综合的技术，如硝菌、硫菌、氢菌、甲烷菌、铁菌等，我的这些出色的孩子，就是这样一群技术能手。看它们的名称就可知道它们的行动了。

有的用光学综合的技术，那满身都是叶绿素的苔藓，就是这一类的技术能手。

然而，没有破坏者之群做它们的先驱，预备好土中的原料，它们也有绝食之忧哇。

第二派是"营养他给派"，那就是土壤的破坏者之群了。它们没有直接利用无机物的本领，只好将别人家现成的有机物，慢慢地侵蚀，慢慢地分解，变成了简单的食粮，一部分饱了自己的细胞，其余的都送还土壤了。

　　然而有时它们的破坏工作是有些过激了，连那活生生的细胞也要加害，这事情就弄糟了。生物界的纠纷，都是由此而兴，而互相残杀的惨变层出不穷了。我所痛恨的原虫就是这样残酷的一群。

　　至于我菌儿，虽也是这一派的中坚分子，但我和我的同志们（指酵儿、霉儿及放线菌等）所干的破坏工作，是有意识的破坏，是化解死物的破坏，是纯粹为了土壤的革命而破坏。

　　土壤的革命日夜不停地在酝酿着，我们的工作也一刻没有停息过。然而这浩大无比的工程，是需要全体土壤公民的分工合作的。破坏了而又建设，建设了而又破坏，究竟是谁先谁后，如今是千头万绪，分也分不清了。

　　总之，没有"营养他给派"的破坏，"营养自给派"也无从建设；没有"营养自给派"的建设，"营养他给派"也无所破坏。这两派里，都有我的菌众参加，我在生物界地位的重要是绝对不可抹杀的事实。而今近视眼的科学先生和盲目的人类大众，若只因一时的气愤，为了我族群中的那些少数不良分子的蛮动，而诅咒我的灭亡，那真是冤屈了我在土壤里的苦心经营。

● 写一写，练一练

1. 判断。

　　我们常见的"头状菌""根足菌""曲菌""笔头菌""念珠状菌"等，都是依据它们的形态命名的。（　　）

2. 填空。

　　一般土壤里很少见到酵儿，它们经常待在果园、葡萄园的（　　）土壤里。

CHAPTER
经济关系

我正伏在土壤里面，日夜不停地在做工，忽然望见一片乌云，遮满了中国古城的天空。顷刻间，狂风暴雨大作，冲来了一阵火药的气味，【🔍景物描写：通过对乌云和风雨的描写，渲染了当时战场恐怖的氛围。】几乎使我的细胞窒息。我鼓起鞭毛东张西望，但见平津（指原北平、天津）一带炮火连天，尸血满地！

这又将加重了我清除腐物烂尸的负担了。

这人类的自相残杀，本与我无干，何必我多嘴。

然而不幸战事倘若延长下去，就有这样黑心眼的人要利用细菌战了。这几年来，细菌战的声浪，不是也随着大战的呼声而高扬吗？

奇异而又不足奇异的是细菌战。那是说，他们要请出我那一群蛮狠凶顽的野孩子——人们所痛恨的病菌，来助战了，使我菌儿也卷入战争的旋涡了。这如何不引起我的特别注意呀！

本来，我的野孩子们平日都在和人作战。战争一发，更造成了它们攻人的机会。它们自然就会闻风赶到了。

我想到这里，不禁打了一个寒噤，我的荚膜和鞭毛都战战栗栗抖动起来了。【🏃神态、动作描写：通过对"我"的神态、动作描写，准确地表现了菌儿非常担心的样子，生动形象。】

将来战事一旦结束，人类触目伤心，能不怪我的无情吗？在平时，我本有传染病的罪名，在战时，我又加上帮凶的暴行啊！他们要更加痛恨我了。

呵呵！我的这些孩子，真是害群之马，它们的猖獗，使人类大众莫不谈"菌"色变，使许多人犹认为"细菌"二字是多么不祥而可怕的名词。这真是我菌儿的大耻呀！

老实说，我的大部分菌众，不像资本家，靠着榨取而生存；不像帝国主义者，靠着侵略而生存；不像病菌，靠着传染病而生存。【✿ **对比：把大部分菌众和资本家、帝国主义者、病菌这些不自食其力者做对比，突出表现了大部分菌众自食其力的特点。**】我的大部分菌众都是善良的细菌，生物界最忠实的劳动者，靠着自身劳动所得而生存。

我在土壤革命的过程中，经常地担任了几部门最重要的工作。这在前章已经述过了。

在土壤里，我不但会分解腐物以充实土壤的内容，我还会直接和豆科之类的植物合作哩。

在豆根的尖头，我轻轻地爬上它弯弯的根须，我爬进了豆根的内质，飞快地繁殖起来，由内层复蔓延到外层，使豆根肿胀了，长出一粒一粒的瘤子。这就是"豆根瘤"的现象。

这样地，我和豆根的细胞，取得密切联络，实行同居了。隐藏在豆根瘤里面的我的菌众，都是技术能手。它们都会吸收空气中的氮，把它变成了硝酸盐，送给豆细胞，作为营养的礼物，而同时也接受了豆细胞送给它们的赠品，大量的糖类。

这真是生物界共存共荣的好榜样，一丝也没有侵略者的虚伪的气息。

种植豆科植物，可以增进土壤的肥沃，这在中国古代的农民，老早就知道了。可惜几千年以来，吃豆的人们，始终没有看见过我的活动啊。

直到1888那年，有一位荷兰的科学先生出来，仗义执言，由于他研究的结果，这才把我在土壤里的这个特殊功绩，表扬了一下。

这是在农业经济上，我对于人类的贡献。

在工业方面，我和人类发生了更密切的经济关系。

人类的工业，最重要的莫过于衣食两项，在这衣食两项中，我却都尽了最大的努力，努力生产。

我原是自然界最伟大的生产力。

宇宙是我的地基，地球是我的厂屋，酵素是我唯一神妙的机器。一切无机和有机的物体都是我的好原料。

我的菌众都在共同劳动，共同生产，所造成的东西，也都涓滴归公，成为生物界的共有物了。

不料，野心的人类，却想独占，将我的生产集中，据为私有。

在显微镜发明以前的时代，他们虽不知道我的存在，却早已发现了我的劳动果实。他们凭着暗中摸索所得的经验，也知道了在人工的环境里面，安排好了必需的原料，也就能产出我的劳动果实来了。

这在当初他们就认为是自然而然的事。到了化学昌明时代，他们又认为这是化学变化的事。谁也想不到这乃是微生物的事呀！

他们所采选的原料，也就是我的天然食料，我的菌众老早就<u>预伏</u>在那里面了。【🖊动词："预伏"一词准确形象地写出了菌众动作的隐蔽性。】并且在人工的环境都适合了我生存的条件时，我也飘飘然地不请自来了。

我不声不响地在那儿工作着，造成了大量的生产品。他们却以为是他们自己的创造与发明。

于是传之子孙，守为家传秘法。我的劳动果实，居然被这些无耻的商人占为专利品了。

从酒说起吧，酒就是我的劳动果实之一。我的亲属们多数都有造酒的天才，尤其是酵儿和霉儿那两房。米麦之类的糖类，各式各样的糖和水果，一经它们的光顾，就都带点酒味了。不过，有的酒味之中，还带点酸，带点苦，或带点臭。这显然表示，在自然界中，有不少的杂色的劳动分子，在参加酒的生产哪！这些造酒的小技师，各有不同的个性，不同的酵素，它们所受用的原料，又多不同，因而天下的酒，那气味的复杂，也就很可观了。

这是酒在自然界中的现象。

天晓得，传说中，是在大禹时代吧，就有了这么一位聪明的古人，叫作仪狄的，偶尔尝到了一种似乎是酒的味道，觉着香甜可口，就想出法子，自己动手来造了，从此中国人就都有了酒喝。

西方的国家，也有他们造酒的故事。

于是，什么葡萄酒哇，啤酒哇，白兰地呀，连同绍兴老酒、五加皮等都算在一起，酒的花样真是越来越多了。

酒也是随着生产手段的变化而变化的吧！然而在这生产手段中，我却不能缺席。

在自然界，酒是我的手工业，我的自由职业，我是造酒的生产力。

在人类的掌握中，酒是我的强迫职务，我成为造酒的奴隶，造酒的机器了。

奇异而又不足为奇的是，人类造酒的历史已经有几千年了。他们也从不知道有我在活动。

这黑幕终于是揭穿了，那又是胡子科学先生的功业。他在显微镜上早已侦察好我的行踪了。

有一回，他特制了几十瓶精美的糖汁果液，大开玻璃小塔之门，招请我入内欢宴，结果我所亲到过的地方，一瓶一瓶都有了酒意了。

于是他就点头微笑地说："乖乖，微生物这小子果然好本领，发酵的工程，都是由它一手包办成功的呀！"【❀语言描写：胡子科学先生的这句话表现了他在发现了真相后快乐的心情。】

话音未落，他就被法国的酒商请去，看看他们的酒桶里出了什么毛病，怎么好好的酒，全变成酸溜溜的了。

胡子先生细细地视察了一番，就做了一篇书面的报告。大意是说：

"纯净的酒，应该请纯净的酿母菌来制造。酒桶的监督要严密，不可放乳酸杆菌或其他不相干的细菌混进去捣乱。

"乳酸杆菌是制造乳酸的专家，绝不是造酒的角色。你们的酒桶就是这样给它弄得一塌糊涂了，这是你们这次造酒失败的大原因……用非其才。"

他所说的酿母菌，指的就是我那酵儿。

我那酵儿，小山芋似的身子，直径不到5微米，体重只有0.0000098175毫克。然而算起来，它还是吾族里的大胖子。【❀外形描写：通过对酵儿身材体形的描写，勾勒了它的外形特点，准确形象。】

然而胡子科学先生只知其一，不知其二。那大胖子并不是发酵唯一的能手，吾族中还有长瘦子，也会造出顶甜美的酒。这长瘦子便是指我的霉儿。

它身着有色的胞衣，平时都爱在潮湿的空气中游荡，到处偷吃食品，捣毁物件，是破坏者的身份，又怎么知道它也会生产，也会和人类发生经济关系呢？

这就要去问台湾人了。

原来霉儿那一房所出的子孙很多很复杂。有一个孩子，叫作"黑曲霉"的，不知怎的竟被台湾人拉去参加制酒的劳动了。现今的台湾酒，大半都是由它所造成的。

胡子科学先生微笑着面对大大小小的瓶子，细菌在瓶子里显得非常活跃

这一房里，还有一个孩子，叫作"黄绿色曲菌"的，也曾被中国、日本和南洋群岛等处的酒商，聘去做发酵的工程师。不过它所担任的，是初步的工作，是从淀粉变成糖的工作。由糖再变成酒的工作，他们又另请酵儿去担任了。

我的菌众当中，有发酵本领的，当然不止这几个，有许多还等着科学先生去访问呢。这里恕我不一一介绍了。

酒固然是发酵工业中的主要的生产品，但甘油在这战争的时代，也要大出风头了。

甘油，它原是制造炸药的原料。请一请酵儿去吃碱性的糖汁，尤其是在那汁里掺进了40%的亚硫酸钠，它痛饮一番之后，就会造出大量的甘油和酒来了。

不过，还有面包。西洋的面包等于中国的馒头包子，都是大众的粮食。它们也须经过一番发酵的手续。它们不也是我的劳动果实吗？

可怜我那有功无罪的酵儿们，在面包制成的当儿就被人们用不断高升的热力所蒸杀了。这在面包店的主人，是要一方面提防酵儿吃得过火，一方面又担心野菌的侵入，所以索性先下手为强，以保护面包领土的完整。

有时面包热得并不透心，这时候我的野孩子里面有个叫作"马铃薯杆菌"的，它的芽孢早已从空气中移驻到面包的心窝了，就乘机暴动起来，于是面包就变成胶胶黏黏的有酸味不中吃的东西了。

在人类的食桌上除了面包和酒以外，还有牛奶、豆腐、酱油、腌菜之类的食品，也都须靠着我的劳动才能制造成功。

牛奶，不是牛的奶吗？怎么也靠着我来制造呢？

这里我指的是一种特别的牛奶——酸牛奶。这东西中国人很少吃过，而欧美人士却当它是比普通牛奶还好的滋补品，是有益于肠胃消化的卫生食品了。

酸牛奶的酸是有意识的酸，是含有抗敌作用的酸。酸牛奶一落到人们的肚子里，我的野孩子们就不敢在那儿逞凶了。

奇异而又不足为奇的是，制造酸牛奶的劳动者，就是造酒商人所痛恨的"乳酸杆菌"哪！

呵呵！我的乳酸杆菌，在牛奶瓶中，却大受人们欢迎了。

不但在牛奶瓶中有如此盛况，在制造奶油和奶酪的工厂中，它也到处受厂方的特别优待。这都因为它是专家，它有精良的技术，奶油、奶酪、酸牛奶等，都是它对人类优良的贡献。

酸牛奶在保加利亚、土耳其及其他国，是很盛行的。因为它有功于肠胃，所以那儿的居民，常恭维它作"长寿的杆菌"。这真是我这孩子的一件美事。

据说，美国的腌菜所用的乳酸，也是这乳酸杆菌的出品。不过，他们在乳酸之外，有时又掺进了一些醋酸、酪酸，及其他有香味的酸。

这些淡淡浓浓的酸，我也都会制造。法国有一位著名的女化学家，就曾请我到她实验室里表演造酸的技术。结果，我那个黑色的菌儿表演的成绩最佳，它造成了大量的草酸和柠檬酸。现在市场上所售的柠檬酸，一大部分都是它的出品。

豆腐、酱油之类的豆制食物，却是我的黄绿色曲菌的出品了。这是因为它有化解豆类蛋白质的能力。

中国制酱油的历史，算是最久远了。可惜中国人死守古法，不知改进，又因为对我的真相的不认识，酱油里往往有野菌暗渡，弄得黄绿色曲菌不能安心工作，不知浪费了多少原料哇！

你看，那日本的商人就乖巧些，他们就肯埋头研究，积极在我的菌众中物色最干练的酱油司务。

在爪哇，豆制食品也很兴盛，他们专请了另一位小技师，那是我的棕色曲菌。我又有几个孩子，被美国人请去帮他们制造甜美的冻膏了。

总之，在吃的方面，我和人类的经济关系，将来的发展是未可限量的。

不过在许多地方，人类却都提心吊胆的，【⚐ **成语：** 言简意赅地表现了人类因为细菌而担心、害怕的样子。】谨防我来侵犯他们的食品。这是因为我那些野孩子的暴行给他们的恶劣印象太深刻了。

那新兴的罐头食品工业，便是人类食品自卫的一个大壁垒。他们用高压强热的手段，来消灭我在罐头境内的潜势力；又密不通风地封锁起来，使我无缝可入。这真是罕见的门罗主义，食物的独占政策，我在这儿也不便多说了。

穿的方面呢？人类也尽量地利用了我的劳力了。浸麻和制革的工业就是两个显著的例子。

在这儿，我的另一班有专门技术的孩子，就被工厂里的人请去担任要职了。

浸麻，人类在古埃及时代，就发明了浸麻的法子了，也老早就雇用了我做包工。可是，像造酒一样，他们当初并没有看出我的行迹来。

浸麻的原料是亚麻。亚麻是顶结实的一种植物组织，是衣服的上等材料。它的外层，有顽固而有黏胶性的纤维包围着。

浸麻的手续就是要除去这纤维。这纤维的消除又非我不行。我的孩子们有化解纤维素的才能的也不多见。这可见，化解纤维素的本事，真是难能可贵了。

这秘密，直到20世纪的初期，才有人发觉。从此浸麻的工业者，就大体注意我这有特殊技能的孩子的活动了。于是就力图改善它的待遇，在浸麻的过程中，严禁野菌和它争食，也不让它自己吃得过火，才不至于连亚麻组织的本身也吃坏了。

在制革的工厂里面，我的工作尤为紧张。在剥光兽毛的石灰水里，在充满腥气的暗室中，在五光十色的鞣酸里，到处都需要我的孩子们的合作。兽皮之所以能化刚为柔而不至于臭腐，我实有大功。

不过，在这儿，也和浸麻一样，不能让我吃得过火，万一连兽皮的蛋白质都嚼烂了，那就前功尽弃了。

土壤革命补助了农村经济；衣食生产有功于人类的工业。这样看来，我不但是生物界的柱石，我还是人类的靠山，干脆点说：人类靠着我而生存。

这并不是我大言不惭。

你瞧！那滚滚而来臭气冲天的粪污，都变成田间丰美的肥料了。这还不是我的力量吗？没有我的劳动，粪便的处置，人类简直是束手无策。【✿成语：说明了如果没有菌儿，人类对怎样处理粪便毫无办法的情形。】

由此可见，我和人类，并非绝对对立，并无永久的仇怨！

那对立，那仇怨，也只是我那些少数的淘气的野孩子的妄举蛮动。

通过我和人类层层叠叠的经济关系，也可以了解我们这一小一大的生物间仍有合作的可能啊！

然而人类往往以特殊自居，不肯以平等相待。自从实验室里燃起无情之火，我做了玻璃之塔中的俘虏，我的行动被监视，我的生产被占有，从此我的统治权属于那胡子科学先生的党徒了。我这自然界中最自由的自由职业者，如今也不自由了，还有什么话可说！

● 写一写，练一练

1. 判断。

酵儿的直径不足5微米，就像小山芋似的，体重也只有0.0000098175毫克，它在我们族里算比较轻的。（　　）

2. 填空。

在土壤里，细菌不仅能分解腐物，还能和（　　　　）之类的植物合作。

第5课：跟名著学写作
3-1

科学小品：细菌与人

　　细菌到底是什么东西呢？它住在哪里，有兄弟姐妹吗？为什么吃了某些细菌就会生病呢？在我们的身体内部，到底有多少菌众在谋生？为什么人一过了青春期，便不再茁壮成长，而是一天天地衰老下去？人的元宝似的耳朵是如何听到声音的？在患色盲症的人眼中世界又是怎样一番风景呢？……翻开这一章，你再也无须为这些问题绞尽脑汁，高士其爷爷会为你一一做出解答。

CHAPTER

色——谈色盲

有些泥古守旧的人，对于色，只认得红，其余的都模糊不清了，以为红是大喜大吉，红会升官发财，红能讨老婆生儿子，其余的色，哪一个配？

有些糊涂肉麻的人，如《红楼梦》里的贾宝玉之流，有特种爱红之癖，其余的色都被抹杀了，其余的色哪里赶得上？

然而，在今日的世界，红似乎又带有危险性了。有些人见了它就猜忌了。不是前不多时，报纸上曾载过，德国有一位青年，因用了红领带，而被处了6个星期的徒刑吗？

但是，我这里所要谈的，并不是这些喜红、爱红和疑红的人，而是另一种人，认不得红的人。

这一种人，对于红，一向是陌生的。

这一种人，见了红以为是绿，见了绿又以为是红。

这一种人，就叫作"色盲患者"。

色盲不是假装糊涂，而实是生理上的一种缺憾。

这些话，在色盲者听了，或者能了然；不是色盲的人听了，反而有些不信任了，说是我造谣。

因此我须从色字谈起。

色，这迷离恍惚、变幻莫测的东西，【🖋 **用词准确**：这两个词生动准确地写出了色错综复杂、难以辨别的样子。】从来就有三种人最关心它。

物理学者关心它的来路，它的结构。

生理学者关心它的现实，它和人眼的反应。

心理学者关心它的去处，它对于心理上的影响。

虽然，还有化学学者在研究色料的制造，诗人、美术家在欣赏、调和色的美感，政治家在用色来标榜他们的主义，市政交通当局在用色以表明危险与安全，如此等等的人，对于色，都想利用，都想揩油，于是色就走入歧路了。这些，我们不去细谈。

物理学者就说：色是从光的反射而成的。光是从发光体送出来的一种波浪。这一波一浪也有长短。太长的我们看不见，太短的也看不见。

看不见的光，当然是没有色的，然而它们仍在空气中横冲直撞，我们仍有间接的法子，去发现它们的存在。如紫外光（亦称紫外线），如X光，如死光之类。

看得见的光，就可以分析而成为种种色了。

大概，发光体所送出的光，多不是单纯的光，内容很复杂，因而所反映出的色，也就不止一种了。

满天闪闪烁烁的群星，都是极庞大的发光体，和我们最亲热的就是太阳。

地球上一切的光，不，整个太阳系的光，都是来自太阳。

电光、灯光、烛光，乃至于小如萤火虫的光，乃至于更小如某种放光细菌的微光，也都是受了太阳之赐。

太阳的光线，穿过了三棱镜，一受了曲折，就会现出一条美丽的色系，由大红，而金黄，而黄，而蓝，而绿，而靛青，而紫。【🌸景物描写：通过对经折射后太阳光的描写，生动地表现了折射之后太阳光的美丽变化。】红以上，紫以外，就因光波太长太短，不得而见了。而且，这色系之间的演变，又是渐变而不是突变的，所以色与色之间的界线，就没有理想的那样干脆了。

色之所以有多种，虽是由于光波的长短不齐，然而其实也靠着人眼怎样去受用，怎样去辨识。没有人眼，色即是空，有人眼在，空即是色。这太阳的色系，是一切色的泉源，普通的人眼，都还认不清，何况所谓色盲的人。

生理学者花了好些工夫去研究人眼，又花了好些工夫研究人眼所能见的色。他们说：人眼的构造，和照相机相似，最里层有一片薄膜，叫作"视网膜"，那视网膜就好比是底片。【🔍比喻：把视网膜比作底片，生动形象地表明了视网膜的功用。】一色至一切色的知觉都在这底片上决定，其上又伏有视神经的支脉，可以直接通知大脑。

色的知觉，可分为两党：一党是无色，一党是有色。

无色之党，就是黑与白及中间的灰色。

有色之党，就是太阳色系中的各色，再加上各种混合的色，如橄榄色、褐色之类。

有色之党，又可分为两派：一派是正色，一派是杂色。

正色，就是基本的色，纯粹的色。有的说只有三种；有的说可有四种。说三种的，以为是红、黄、蓝；又有以为是红、蓝、紫。说四种的，以为是红、绿、蓝、紫；也有以为是红、黄、绿、蓝。

总之，不论怎样，有了这些正色之后，其余的色，都可以配合混制而成了。因此，其余的色，都叫作杂色。据说，世间的杂色，可有1000种之多哩。

太阳、火焰、血的狂流，都是热烈的殷红。晴天的天，海洋的水，都是伟大的深蓝。大地上，不是一片青青的草、绿绿的叶，就是一片黄黄的沙、紫紫的石。这些不都是正色吗？

傍晚和黎明的霓霞，花的瓣，鸟的羽，蝴蝶的翅，金鱼的鳞，乃至于化学药品展览室里一瓶一瓶新发明的染料，这些不都是杂色吗？

有了这些动人而又迷人，醒人而又醉人，交相辉映而又争妍夺艳的种种的色，我们的眉目都生动起来，活泼起来，然而外界的引诱力是因之而强化的，于是我们有时又糊涂起来，迷惑起来了。我们的心房终于是突突不得安宁了，为的都是色。

这些话都是根据人眼的经验而谈。然而，色，迷人的色，把它扫清吧！假使这世界是无色的世界，从白天到黑夜，从黑夜到白天，尽是黑与白与灰，这世界未免太冷落寂寞了，太清寒单调了，太无情无义了。

然而，世间就有这么一类人，对于色，是不认识了。大家看得见的色，他偏看不见，或看得很模糊，或大家看是红，他偏看出绿来，大家看是蓝，他偏看是白，大家看是黄，他偏看是暗灰色。

这一类人，有的是全色盲，对于一切色，都看不见；有的是一色盲，对于某色看不见；有的是半色盲，对于色，都看得模模糊糊罢了。【✎排比：这句话用了"有的……有的……有的……"的句式，把色盲的种类列举了出来。】最可怜的，就是那全色盲，他的世界完全是黑与白与灰，是无彩色的有声电影的世界。

这些事实，人们是不大容易发觉的。在这奔波逐浪、汹涌澎湃的人海里，不知从哪一个时代，哪一位古人起，才有色盲，我们是没有法子去考据的，也许有好些读者从来没有听见过"色盲"这个名词，也许你们当中就有色盲的人，而连自己都还没有发觉。

科学界注意这件事，是从18世纪末英国的化学家道尔顿起的。这位科学先生，本身就是色盲。他就是认不得红色的色盲之一员。

认不得红色是有危险的呀！后来的生理学者、心理学者，都渐渐注意了。他们说：水路、陆路的交通，都是以红色做危险的记号。轮船、火车上的司机，若是红色盲者，岂不危险吗？十字大街上的红绿灯，是指挥不动这些色盲的路人的呀。于是这个问题就为市政和交通当局所重视了。

色盲的人，虽不是普遍的现象，然而也到处都有，尤以男子为多。据说，男子每百人中，色盲者有三四人；妇女每千人中，色盲者有1人乃至10人。

【✿ 对比：这里比较了男女色盲出现的几率，说明了色盲的性别性。】

不过，完全色盲的人很少很少。最常有的还是红色盲。其次的，还有绿盲、紫盲、蓝盲、黄盲，如此之类的色盲。这些色盲，都是对于某一种正色的朦胧，不认识。对于杂色，更是糊涂弄不清了。

然而，红盲的人，听了人家说红，就去揣度，有时他也自有他的间接法子，按他的自定标准，去认识红，去解释红，所以人家说红，他也不去否认。这样地，我们要侦察他的实情，是真红盲，还是假红盲，就得用红的种种混合色、杂色，请他来比较一下，他的内幕于是乎揭穿了。

医生检查色盲的种种手段，就是按照这个道理。

现在我们的敌人，有点假惺惺，口里声声亲善，背后枪炮刀剑，枪炮刀剑似乎是红，亲善又似乎不是红。中国的民众不要变成红盲者吧！

● 写一写，练一练

1. 判断。

色是由光反射出来的，由发光体送出来的那种波浪就是光，并且所有的光我们都能看见。（　　）

2. 填空。

完全色盲的人很少，最常有的是（　　）色盲。

CHAPTER
声——爆竹声中话耳鼓

在首都，旧历新年的爆竹声，已不如从前那样通宵达旦、迅雷急雨般地齐鸣了。
【🔍夸张：这里运用夸张的修辞手法，生动形象地表现了从前旧历新年爆竹声非常响亮的情形。】

不知被甚风吹走，今年的爆竹声，虽仍是东止西起，南停北响，但须停了好一会儿，才接着响下去，无精打采地，既像疏疏的几点雨声，又像檐下的滴漏，等了许久，才滴一滴。

在这国难非常严重的年头，凡有带点强为庆贺，强为欢笑之意的声调，本来就不顺耳，索性大放鞭炮，热闹一番，倒也可以稍稍振起民气，现在只有这不痛不痒的疏疏几声，意在敷衍点缀新年而了事，听了更加不耐烦了。

不耐烦，有什么法子想呢？

色、声、香、味、触，这五种特觉，只有声防不胜防，【🖋成语：写出了"声"来得突然，让人来不及防备的特点。】一时逃避不出它的势力范围。声音一发，听不听不能由你。这责任一半在于声音的性质，一半在于耳朵的构造。

声音是什么呢？

声音是一种波浪，因此又叫作"音波"。这音波在空气中游行，空气的分子受了振荡，一直向前冲，中间经了无数分散而凝集，凝集而又分散的曲折。

音波是由发音体发出来的，起先一定是发音体先受了振荡，所以两个坚实的物体，互相碰击，就可以成音。这音波是一波未平，一波又起的，而每一波的长度都不相等，有时相差很远。

大凡合于音乐的音波，我们常人的耳朵所听得到的，它的波长，长的在12～21

米，短的波长只在25毫米之内。

这些音波在空气中飞行极快，平均的速率，每秒钟能行33～36米，但也要看所穿过的空气的寒暖程度如何。

不论怎样，这些合于音乐的音波，是有规则的，有韵节的。

不合于音乐的音波，就是乱七八糟一点没有规律、没有韵节的了，所以听了就讨厌。

在从前，新年的爆竹声，家家户户合奏像一阵一阵的交响曲，非常使人高兴。今年的爆竹声，受了当局不彻底的禁止，受了民间不景气的潮流的影响，好久，好久，忽而发出三四声，短而促，真是不痛快而讨厌。

这是声音的不协调，而叫我感到不耐烦。

耳朵的结构是怎样的呢？

在我们的头颅上，两旁两扇翅膀似的耳翼，是收集音波的机器。【✿比喻：把耳翼比作翅膀，生动形象地写出了耳翼的形状和特点，十分传神。】在有的动物身上，它们还会听着大脑的指挥而活动，然而它们的价值只是加强了声音的浓度和辨别音波的来向罢了。

不谙生理学的中国人，尤其是星相家之流，太看重了这两扇耳翼，以为耳的宝贵尽在这里，而且还拿它们的大小作为富贵和寿命的标准。如老子耳长7寸，便以为寿，刘先主目能自顾其耳，便以为贵之类的传说。

其实，若不伤及耳鼓，就是割去两扇耳翼，也还听得见，不过声音变得特别一点罢了。这两扇露在外面的耳翼，有什么了不得呢？

围着耳翼里面那一条黑暗的小弄，叫作"耳道"。耳道的终点，是一个圆膜的壁，叫作耳鼓。这耳鼓才是直接接收音波、传达音波的器官。这一片薄薄的耳鼓膜厚不及0.1毫米，却也分作三层：外层是一层皮肤似的东西，内层是一层黏膜，中间是一层"接连组织"。它的形状有点像一个浅浅的漏斗，而那凸起的尖端，却不在正中央，略略偏于下面。【✎外形描写：简单准确地交代了耳鼓的外形构造特点，准确贴切。】这样带一点倾斜的不相称的形状，能敏锐地感到音波的威胁而振动。音波的威胁一去，那耳鼓的振动就停止了，所以耳鼓若是完好的，那外来的声音便听得很干脆而清晰了。

紧靠在耳鼓膜的里面有三颗耳骨：一是锤骨，一是砧骨，一是镫骨。各因其形而得名。这三颗耳骨的那一面靠着另一层薄膜，叫作"耳窗"，又名前庭窗。

这些耳骨是我们人身上最轻而最小的骨。它们的构造极尽天工的巧妙，只须小小一点音波打着耳鼓，就可以使它们全部振动，那音波便被送进内耳里面去了。

内耳里面是伏有听神经的支脉，叫作"耳蜗神经"。那耳蜗神经的细胞非常灵便，不论多么低微的声音，它们都能接收而传达于大脑。

现在像爆竹这般大而响的声音，我们哪里能逃避不听呢！就是掩着两扇耳翼，空气的分子，既受了振荡，总能传进耳鼓里面去呀。

不过，这也有一个限制，空气是无刻不受着振荡的，有的振荡的速率太快或太慢，达到了我们的耳鼓上面，就不称其为声音了。

我们一般人所能听到的声音，极低微的振动频率，是在每秒钟24次至30次之间。有的人，就是低至每秒钟16次的振动频率的音波，也能听见。最高的振动频率，要在每秒钟4万次以内，才听得见。

在这里又要看各个人耳朵的感觉如何敏锐了。聋子是不用说了。有的人虽然没有到了聋子的地步，然而对于好些尖锐的声音，如虫鸟的叫鸣，就听不见。

虽然爆竹的声音，它的振动频率不太高也不太低，只要距离得不太远，是谁都能听见的哩！

现在我们国家有部分人对于敌人的侵略，好像虫声鸟声一般唧唧地在那里秘密讨论。它的振动频率太低了，使我们民众很难听得见。而汉奸及卖国者之流，又似乎放了疏疏几声的爆竹，以欢迎敌兵，闹得全世界都听见了，真是出丑，更令我们听了不耐烦。然而又有什么法子想呢？

● 写一写，练一练

1. 填空。

平常人所听到的合于音乐的音波，它的波长，长的在（　　）米，短的只在（　　）毫米之内。

2. 选择。

紧挨着耳鼓膜的耳骨有（　　）。

A. 砧骨　　　　B. 锤骨　　　　C. 镫骨　　　　D. 耻骨

CHAPTER

香——谈气味

气味在人间，除了香与臭两小类之外，似乎还有第三种香臭相混的杂味吧。

植物香多臭少，动物臭多香少，矿物除了硫、硒、碲三者之外，又似乎没有什么气味了。

这些话是就鼻子的经验所得而谈的。

香是鼻子所欢迎的，臭是鼻子所拒绝的，香臭不甚明了的第三种味，也就马马虎虎让它飘飘然飞过去了。

鼻子是两头通的，所以不但外界冲进来的气味瞒不过它，就是口里吞进去的，或胃里呕出来的东西，它也知道。捏着鼻子吃苦药，药就不大苦了。

然而鼻子有时会被塞住，如得了伤风及鼻炎之类的疾病，那时就是尝了美酒香果，也是没有平日那么可口了。

气味到底是什么东西组成的，而又这样地轻贵呢？是不是也和光波、音波一样，也在空气中颤动呢？从前果然有人以为气味的游行，也是波浪似的，一波未平，一波又起。而今这种观念却被打破了。

现代的生理学者都以为，气味是从各种物体发出来的细粉。这细粉大约是属于气体吧。既发出之后，就渐散渐远，渐远渐稀，终于稀散到乌合之乡去了。

但若在半途遇到了鼻子，就飘进了鼻房里面，在顶壁下，和嗅神经细胞接触，不论是香是臭，或香臭相混，大脑顷刻就知道了。

据说，同属一类的有机化合物，结构愈复杂，气味也愈浓。这样看来，气味这东西，似乎又是化学结构上"原子量"的一种作用了。

因此，要把世间的气味，一一分门别类起来，那问题便不如起初料想的那样简单了。

于是我想鼻子真是一副极灵巧的器官哪，无论什么气味，多么细微，多么复杂，【⚟ 形容词：这两个形容词准确地表现了鼻子非常灵敏的情形。】它都能分辨出来。

鼻子在所有特觉当中，资格算是最老的了。

然而文明愈进步，鼻子就愈不灵，生物的进化程度愈高，鼻子的感觉也愈坏。

野蛮民族，如美洲红人、原始人之类，他们的鼻子，都比现代人灵得多。他们常以鼻子侦察敌情，审查毒物，从而脱离了危险。

狗的鼻子是著名的敏锐了。无论地上留有多么细微的气味，它都能追寻到原主。然而它也只认为熟人的气味，才是好气味。如果是生人，就是你满身都是香的，它也要对你狂吠几声，因为你不是它的圈子以内的人。

昆虫的嗅觉，似乎也很灵，不然房子里一放了食物，蟑螂、蚂蚁之类的虫儿，怎么就知道出来游历考察呢？

气味的感觉，也是当局者迷、外来者清。鼻子有时会倦了，它也只有几分钟的热心。所以古人说："入鲍鱼之肆，久而不闻其臭；入芝兰之室，久而不闻其香。"【✍ 引用：引用古人的话，进一步说明鼻子有时非常懈怠的情况，更加令人信服。】在生理学上看来，这句老话倒也不错。很多人总不觉得自己屋子里有臭味，一到外头去跑跑，回来就知道了。

气味有时也会倚强欺弱，一味为一味所压迫，所遮蔽，所中和。所以两味混在一起，有时我们只闻见这味，而闻不到那味，如尸体的味一经石炭酸的洗浸之后，就只有石炭酸的气味了。

因此，人们常用以香攻臭的战术来消灭一切不愿闻的气味。这种巧妙的战术，是大大地被有钱的妇女所利用了。这也是香粉、香水之类化妆品的入超原因之一吧！

肉的气味，大家都是一样，本来没有什么难闻。然而不幸有的人常常发散特种的气味，则不得不借香粉、香水之力以遮蔽了。然而又有的人竟大施其香粉政策以取媚于其腻友，或在社交上博得好声誉。

然而香粉、香水之类的东西是和蜂采蜜一般，从花瓣花蕊里面采出来，榨

如果是生人，就算满身都是香的，狗也要对着狂吠几声，因为陌生人不是它的圈子以内的人

出来的，究竟不是肉的本味，而是偷来的气味，似乎有些假。

因此我还有一首打油诗送给偷香的贵人们：

窃了花香做肉香，

花香一散肉香亡，

剩下油皮和汗汁，

还君一个臭皮囊。

据说气味这东西与心理还有些联络。所以讨厌这个人也讨厌这个人的味，欢喜另一个人也欢喜那个人的味，这是常有的事，而且还有闻着气味而动了食指的君子咧。

气味这东西真是不可思议了。

在这个年头，气味有时使我们气闷，使我们掩了鼻子不是，不掩鼻子又不是。掩了鼻子有不亲善的嫌疑，不掩鼻子又有人说你的鼻子麻木了，不中用了。

社会上有许多事是臭而又臭，绝没有一些香气的，又不是第三种的杂味可以让它飘过去，真是左右为难哪！

●写一写，练一练

1. 填空。

（　　　）在所有特觉当中，资格算是最老的。

2. 判断。

气味有时也会倚强欺弱，一味为一味所压迫，所遮蔽，所中和。（　　　）

CHAPTER

味——说吃苦

国内有汉奸，国外有强敌，爱国受压迫，救国遭禁止。在这个年头，我们国民有说不出的苦，有说不尽的苦，这苦真要吃不消了。

在这个苦闷的年头，不由得想起春秋战国时代那一位报仇雪耻、收复失地的国君——越王勾践。

当时越国被吴国攻破，几至于灭亡，勾践气得要命。他弃了温软的玉床锦被，而去躺在那冷冰冰的、硬生生的、【形容词："冷冰冰""硬生生"两个形容词既准确表明了柴床的质地，又表露了勾践那坚定不移的决心。】二三十根树枝和柴头搭成的柴床上，皱着眉头，咬着牙关，在那里千思万想，怎样救亡、怎样雪耻。【神态描写：通过对勾践的神态描写，准确写出了勾践苦苦思索的样子，生动形象。】

想到不能开交的时候，他又伸手取下壁上所挂的那一双黑黄色的胆，放在口里尝一尝。不知道是猪胆还是牛胆，大约总有一点很难尝的苦味吧。

这种卧薪尝胆，不忘国难国耻的精神，真是千古不能磨灭。现在我们民族，已到了生死存亡的关头，正是我们举国上下共同吃苦的时期，这个越王勾践发愤救亡图存的史实，不应看作老生常谈，过于平凡，实当奉为民族复兴的警钟，有再提重提的必要。

卧薪尝胆，是要尝目前的苦味，纪念过去的耻辱，努力自救，既以免生将来更大的惨变，复可争回民族固有的健康。

但，对于苦味的意义，我们都还没有一番深切的了解吗？

为什么尝一尝胆的苦味，就会影响国家的存亡呢？

这是因为胆的苦味，触动了舌头上的神经，那神经立刻通知大脑，大脑顿时感到苦的威胁了。由小苦而联想到大苦，由小怨而联想到大怨，由一身的不快而联想到一国的大恨，由局部的受侵害而联想到全民族受震撼。胆的味虽小，但若我们民众，个个都抱着尝胆的决心，那力量是不可侮的。

大脑分派出的"感觉神经"，在舌头的肉皮下四面埋伏着。那些神经的最前线，叫作"味蕾"，是侦察味之消息的前哨。这些味蕾的外层有好几个扁扁平平的普通细胞，内层则由六个或八个有特种职务的细胞，叫作"味细胞"的所织成。味蕾不是舌头上处处都有，有的单有一个孤独的味细胞散在各处，也就能知味了。所以味蕾好比一队一队的武装警士，味细胞就好比是单身的便衣侦探了。从口里来往的客货，通通要经过它们的检查盘问哪。

运到口里的客货，大部分都是充为食品，那些食品当中，有好有坏，有美有丑，一经味蕾审查，没有不发觉的。虽然，这也不一定十分靠得住。有时，无味而有毒的物品，也可以混过去。何况有美味的食品，不一定就没有毒。又何况有毒的食品，也可以用甜美的香料来装饰。就如我们中国的敌人，一面步步尺尺侵略，一面还要口口声声亲善。倒是胆的味虽苦而无毒，反可以时时刻刻提醒我们要有雪耻精神，再接再厉地奋斗。

味的发生，是有味物品和味细胞的胞浆直接接触的结果。

然而干的物品放在干的舌头上面，是没有味的。要发生味的感觉，那物品一定要先变成流体，或受口津的浸润、溶化。这就像民众的爱国观念，须先受民族精神的训练，国际知识的灌溉。没有训练，没有知识的民众，只堪做他人的奴隶、牛马，而不自觉。

味并不是物品所固有，并不是那物品的化学结构上的一种特性。

味是味细胞的特有情绪，特有感觉，受外物的压迫而发动。

蔗糖、饴糖和糖精，三种物品，在化学结构上大不相同，而它们的味，却都是甜甜的。糖精的甜味，且500倍于蔗糖。【🖈对比：把糖精和蔗糖做对比，充分显示了糖精非常甜的性质。】

反之，淀粉是与蔗糖一类的东西，反而白白净净，一些味都没有。

味又不一定要和外来的物品接触而发生，自家的血液内容，若起了特殊的变化，也会和味发生关系。

糖尿病的人，因为血里面的糖太多，有时终日都觉得舌头是甜甜的。

黄疸病的人，因为胆汁无限制地流入血中，因此成天舌底卧面都觉得是苦苦的。

有的生理学者说，这些手续，这些枝节，都不是绝对必要的。只须用电流来刺激味的神经，也会发生味的感觉。用阳极的电来刺激，就发生酸味；用阴极的电来刺激，就发生苦味。

总之，味的感觉，是味细胞的潜伏着的特性，不去触动它，是不会发作的。

在这一点，味仿佛似一般民众的情绪。【❀比喻：这里把味比作一般民众的情绪，生动准确地指出了味不经触动就不会发作的特点。】不论是国内的汉奸，或本地的劣绅，不论是哪里冲来的敌人，东洋还是西洋，谁叫我们大众吃苦头，谁就激起了大众的公愤，一律要反抗，一律要打倒。

生理学家又说：味的感觉，虽有多种，大半不相同，但基本的味，单纯的味，只有四种。哪四种？

一种是糖一般的甜，一种是醋一般的酸，一种是盐一般的咸，一种是胆一般的苦。

这四种，再加上香、臭、腥、辣、冷、热、细滑或粗糙，味的变化可就无穷了。这些附加的感觉，都不是味，而味的本身，却为其所影响，而变成混杂的感觉。

所以我们若塞着鼻子吃东西，许多杂味，都可以消除。许多杂味，都是鼻子的感觉，不是我们舌头真正的感觉呀。

孔子在齐国听到了韶乐，有三个月的光阴，不知道肉是什么味。【❀夸张：使用夸张的修辞手法，写出了孔子对韶乐的喜爱。】这是乐而忘味，并不是舌头的神经麻木了。舌头的神经，万一麻木，就如舆论不自由，是顶苦的苦情啊！

纯甜，纯酸，纯咸，纯苦，这四种单纯的味，在舌头上，各有各的势力范围，各的地盘。舌尖属甜，舌底属咸，舌的两旁属酸，舌根属苦。

生理学者就各依它们的地盘，去测验这四味的发生所需要的刺激力之最小限度。

研究的结果是，每100立方毫米的清水里面：

盐，只须放0.25克，就觉着咸；

糖，只须放0.5克，就觉着甜；

盐酸，只须放0.007克，就觉着酸；

鸡纳，只须放0.00005克，就觉着苦。

可见我们对于苦，有极大的感觉。我们的舌根，只须极轻微的苦味，已能发觉了。

真的，我们要知苦，还用不着尝胆哩。

这年头，是苦年头，苦上加苦，身家的苦，加上民族的苦。

苦是苦到头了，现在所需要者，是对于苦之意义的认识。要解除苦的羁绊，还是要靠我们吃苦的大众，抱着不怕苦的精神，团结起来，努力向前。

写一写，练一练

1. 判断。

"味蕾"是感觉神经的最前线，专门预先侦察味的信息，并且遍布舌头表面。（　　　）

2. 填空。

蔗糖和糖精的化学结构很不相同，但它们都是甜的，糖精的甜味是蔗糖的（　　　）倍。

第6课：跟名著学写作
3—2

CHAPTER
细菌的衣食住行

　　衣食住行是人生的四件大事，一件都不能缺少。不但人类如此，就是其他生物也何曾能缺少一件，不过没有人类这样讲究罢了。

　　细菌是极微极小的生物，是生物中的小宝宝。这位小宝宝穿的是什么？吃的是什么？住在哪里？怎样行动？我们倒要见识一下。

　　好哇，请细菌出来给我们看一看哪！

　　不行，细菌是肉眼看不见的东西，它比我们的眼珠还小了2万倍呀。幸亏260年前荷兰有一位看门老头子叫作列文虎克的先生把它发现出来。列文虎克先生一生的嗜好就是磨镜头，在他屋子里存着好几百架自制的显微镜，他天天在镜头下观察各种微小东西的形状。有一天他研究自己的齿垢，<u>忽然看见好些微小的生物在唾液中游来游去，好像鱼在大海中游泳一般。</u>【🔍比喻：把微小的生物在唾液中游来游去比作鱼在大海中游泳，生动地写出了唾液对微小生物来说非常浩瀚。】这些微小的生物就是我们现在所要介绍的细菌。自从发现细菌以后，经过许多科学家辛辛苦苦研究，现在我们已渐渐知道它的私生活的情况了，但是大众对于细菌不过偶尔闻名而已，很少有见面的机会，至于它的衣食住行，更莫名其妙了。

　　我们起初以为细菌实行裸体运动，一丝不挂，后来一经详细观察，才晓得它们个个都穿着一层薄薄的衣服，科学的名词叫作"荚膜"。这种衣服是蜡制的，要把它染成紫色或红色才看得清楚。细菌顶怕热，若将它们抹在玻璃片上放在热气上烘，顷刻间这层蜡衣都化走，露出它们娇嫩的肤体。它们又很爱体面，当它们来到人类或动物的体内游历，或在牛奶瓶中盘桓之时，穿得格外整齐，这层蜡衣显得格外分明。细菌的种族很多，其中以"荚膜杆菌""结核杆菌"及"肺炎球菌"三族衣服穿得特别讲究，特别厚，特别容易为我们所认识。

细菌的吃最为奇特而复杂，我们若将它们详详细细地分析一下，也可以写成一部食经。在这里不便将它们的全部秘密泄露，只略选其大概而已。细菌是贪吃的小孩子，它们一见了可吃的东西便抢着吃，吃个不休，非吃得精光不可。但它们也有吃荤绝对不吃素的，也有吃素绝对不吃荤的，所以有动物病菌与植物病菌之分。大多数的细菌都是荤素兼吃的。有的细菌荤素都不吃而去吃空气中的氮，或无机化合物如硝酸盐、亚硝酸盐、阿摩尼亚、一氧化碳之类。此外，还有吃铁的铁菌和吃硫黄的硫菌。更有专吃死肉不吃活肉的腐菌和专吃活肉不吃死肉的病菌。【列举：将饮食不同的细菌种类一口气列举出来，颇有气势。】麻风的病菌只吃人及猴子的肉，不肯吃别的东西，平常住在水里或土壤里的细菌，到了人或动物的身上就要饿死。然而结核杆菌及鼠疫杆菌等这些穷凶极恶的病菌就很调皮，它们在离开人体到了外界之后又能暂吃别的东西以维持生活。在吃的方面，细菌还有一种和人类差不多的脾气，我们不可不知道的，就是太酸的不吃，太咸的不吃，太干的不吃，太淡而无味的也不吃，大凡合人类的胃口的也就合它们的胃口。所以人类正吃得有味的东西，想不到它们也在那里不露声色地偷着吃。【成语：言简意赅地写出了细菌吃东西时沉着冷静、不慌不忙的样子。】

细菌的住是和食连在一起的，吃到哪里就住到哪里，在哪里住就吃哪里的东西，它们吃的范围是这样广大，它们住的区域也就无止境了。而且它们在不吃的时候也可以随风飘游，它们的子孙便散布于全地球了（别的星球有没有我们还没有法子知道。从前德国有一位科学家特意地坐气球上升到天空去拜访空中的细菌，他发现离地面4000米之高还有好些细菌在那里徘徊）。大部分的细菌都是以土壤为归宿，而以粪土中所住的细菌为最多，大约每一克重的粪土住有115000000个细菌。由土壤而入于水，便以水为家，到了人及动植物身上，便以人及动植物的身体为家。还有一种细菌叫作"爱热菌"，在温泉里也可以过活。

好多种细菌身上都有一根或多根活泼而轻松的鞭毛。这鞭毛鼓舞起来，它们便可在水中飞奔，伤寒杆菌能于1小时之内渡过4毫米长的路程。这一点路在细菌看来实在远得很，因为它们的身长尚不及2微米，而4毫米却是2微米的2000倍。霍乱弧菌飞奔得更快，它们可于1小时之内渡过18厘米长的路程，比它们的身体长9万倍。【🔍**对比：这里通过细菌身体大小和行进速度的对比，突出了它们身体虽小但行进速度非常快的特点。**】别的生物都不能跑得这样快。然而细菌若专靠它们自己的鞭毛游动毕竟走得不远。它们是喜欢旅行，喜欢搬家的，于是不得不利用别的法子。它们看见苍蝇附在马尾还能日行千里，老鼠伏在船舱里犹能从欧洲搬到亚洲，它们何不就附在苍蝇和老鼠身上，这样不是也可以游历天下吗？于是蚊子苍蝇就成为了它们的飞机，臭虫跳蚤就成为了它们的火车，鱼蟹蚝蛤就成为了它们的轮船，它们便自由自在地到处观光。不仅如此，它们还会骑人，在这个人身上骑一下又跳到另外一个人身上骑一下。你看，在电车上，在戏院里，在一切公共的场所，这个人吐了一口痰，那个人说话口沫四溅，都是它们旅行的好机会呀。

写一写，练一练

1. 填空。

　　细菌并非裸体，它们是穿着一层很薄的衣服的，这层衣服叫作（　　　　）。

2. 判断。

　　细菌的住是和食连在一起的，吃到哪里就住到哪里，在哪里住就吃哪里的东西。（　　　）

CHAPTER

细菌的大菜馆

希腊神话中，奥林匹斯山上一切天神都是为人而有，如爱神司爱，战神司战，谷神司食，因为人而创出许多神来。我们古老国家的一切山神、土地、灶君、城隍也都是替人掌管，为人而虚设其位。

这些渺渺茫茫之言论都含有一种自大性的表现，自以为人类是天之骄子，地球上的主人翁。

自达尔文的《物种起源》出版，就给这种自大的观念迎头一个痛击。他用种种科学的事实，说明了人类的祖先是猴儿，猴儿的祖宗又是阿米巴（变形虫），一切的动物都是远亲近戚。这样一说，人类又有什么特别贵重呢？<u>人类不过是靠一点小聪明，得到一些小遗产，走了幸运，做了生物的官，刮了地球的皮，屠杀动物，砍折植物，发掘矿物，</u>【✿ **动作描写：** 通过一系列具体的动词，准确地表达了人类靠小聪明生活的所作所为。】以饱自己的肚皮，供自己的享乐，乃复造出种种邪说，自称为万物之灵。

布伦费尔先生，美国的一位先进的细菌学家，正在约翰·霍普金斯大学医院实验室里，穿着白衣，坐在黑漆圆凳子上，俯着头细看显微镜下的某种大肠杆菌，忽然听见我讲到"饱自己的肚皮"一句，不禁失声大笑，没有转过头来，接着就说，带有一半不承认我的话的口气："饱谁的肚皮呀？恐怕不仅饱人类自己的肚皮吧？你就没想到人类的肚子里还有长期的食客，短期的食客，来来往往临时的食客呀？一个个两条腿走来走去的动物，还是细菌的游行大菜馆哪。"

我本来处于摇摇孤单的地位，硬着胆说了前面的一篇话，已预计会被听众包围问难，被他这一问，倒惊退一步。但他不等我回答，又站起来，回过身倚在实验桌旁，接着侃侃而谈：

"不仅人类的肚皮是细菌的菜馆，狮虎熊象、牛羊犬鼠、燕雁鸦雀、龟蛇鱼虾、蛤蚌蜗螺、蜂蚁蚊蝇，乃至于蚯蚓蛔虫，举凡一切有脊椎和无脊椎的动物，只须有一个可吃的肚皮或食管，都是细菌的大小菜馆、酒店。不但如是，鼻孔喉咙还是细菌的咖啡馆，皮肤毛管还是细菌的小食摊，而地球上一沟一尘，一瓢一勺，莫不是它们乘风纳凉饮冰喝茶之所。细菌虽小，所占地盘之大，子孙之多，繁殖之速，食物之繁，无微弗至，无孔不入，诚人类所不敢望其肩膊。所以这世界的主人翁，生物的首席，与其让人类窃称，不如推举细菌。"

他说到这里顿了一顿，我赶紧含笑插进去说："然则弱小细微的东西从今可以自豪了。你的话一点都不错。强者大者不必自鸣得意，弱者小者毋庸垂头丧气。大的生物如恐龙巨象，因为自然界供养不起，早已绝种。现在以鲸鱼为最大，而大海之中不常见。老虎居深山中，奔波终日，不得一饱，看见丛林里一只肥鹿，喜之不胜，不料又被它逃走了。蚂蚁虽小，而能分工合作，昼夜辛勤，所获食料，可供冬日之需。【🔍对比：把老虎和蚂蚁的捕食进行对比，凸显出蚂蚁这样小的生物捕食却很容易的情形，说明不论大小，生物都各有优缺点。】生物愈小，得食愈易。我不要再拖长了。现在就请布伦费尔先生给我们讲一点细菌大菜馆的情形吧！"

布伦费尔先生是研究人类肚子里的细菌的专家，他深知其中的奥妙。

于是这位穿白衣的科学先生又开口了。这一次，他提高嗓门，用庄严而略带幽默的态度说：

"我们这一所细菌大菜馆，一开前门便是切菜间，壁上有自来水，长流不息，菜刀上下，石磨两列，排成半圆形，还有一个粉红色活动的地板。后面有一条长长的甬道，直达厨房。厨房是一只大油锅，可以放缩，里面自然发散一种强烈的酸汁，一种神秘的酵汁。厨房的后面，先有小食堂，后有大食堂，曲曲弯弯，千回百转，小食堂备有咖喱似的黄汁，以及其他油哇醋哇，一应俱全。大食堂的设备，较为粗简，然而客座极多，可容无数万细菌，有后门，直通垃圾桶。

"形形色色的菌客菌主菌亲菌友，有的挺着胸膛，有的弯腰曲背，有的圆脸涂脂搽粉，有的大腹便便，有的留个辫子，有的满面胡须，或摇摇摆摆，或一步一跳，或匍匐而入，或昂然直入。【🖋 排比：运用排比的修辞手法，将各种细菌的不同姿态表现得淋漓尽致。】有从前门，有从后门。

"从前门而入者，多留在切菜间，偷吃菜根肉余齿垢皮屑。然而常为自来水所冲洗，立脚不定。不然，若吃得过火，连墙壁、地板、刀柄都要吃，于是乎人就有口肿、舌烂、牙痛之病了。

"这一群食客里面，最常来光顾的有六大族。一为圆脸的'小球菌'，二为像葡萄的'葡萄球菌'，三为珠脸的'链球菌'，四为硬挺挺的'阳性革兰氏杆菌'，五为肥硕的'阴性革兰氏杆菌'，六为弯腰曲背的'螺旋菌'，这些怪姓，经过一次的介绍，恐你们仍记得不清啊。

"在刷牙漱口的时候，这些无赖的客人，一时惊散，但门虽设而常开，它们又不请自来了。

"婴儿呱呱坠地的一刹那，这所新菜馆是冷清清的，无声无息。但一见了空气，一经洗涤，细菌闻到腥秽的气味，就争先恐后，一个个从后门跟踉而入。【🌼 动作描写：生动形象地写出了细菌一得到食物的信息就不顾一切、直奔而去的情景，十分贴切。】假如将婴儿的肛门消毒，再用一条无菌的浴巾封好，则可经20小时之久，一验胎粪仍杳然无菌迹。20小时之后，纵使后门围得水泄不通，而前门大开，细菌已伏在乳汁里面混进来了。

"在母亲的乳汁中混进来的食客以'乳枝杆菌'一族为最多，占99%，其中有时夹着几个'肠球菌'及'大肠杆菌'。

"假如母亲的乳不够吃，又不愿意雇奶妈，而去请母黄牛做奶娘，由牛奶所带来的细菌，就五光十色了。最多数的不是'乳枝杆菌'而是'乳酸杆菌'了。此外还有各式各样的'大肠杆菌''肠球菌''阳性革兰氏需氧芽孢杆菌''厌气菌'等，甚至有时混着一两个刺客，如'结核杆菌'，那就危险了，所以没有严格消毒过的牛奶，不可乱吃呀！

"在成年的人肚子饿的时候，油锅里没有菜煮，细菌也不来了。一吃了东西，细菌却跟着进来，厨房里就拥挤不堪。但是胃汁是很强烈的，它们未吃半饱，都已淹死了。只有几种'抗酸杆菌'及'芽孢杆菌'还可幸免。但是有胃病的人，胃汁的酸性太弱，细菌仍得以自全，并且如'八叠球菌''寄腐杆菌'等竟毫无顾忌地就在这厨房里组织新家庭，生出无数菌儿菌孙，而那病人的胃就一阵一阵地痛了。

"过了厨房，就是小食堂。那里食客还不多。然而食客到了食堂就流连不忍去，于是有好些都由短期变成长期食客了，这些长期食客中以大肠杆菌为最主要。它的足迹遍布天下菜馆，不论是有色人种也好，无色人种也好，它都认得，每个人的肠内都有它在吃。"

说到这里，白衣科学先生用他尖长的右手的食指，指着桌上那一架显微镜说："我在这显微镜上看的就是这一种'大肠杆菌'。其余的食客恕我不一一详举。

"它们一到了大食堂，就大热闹起来，摇头摆尾，挤眉弄眼，拍手踏足，摩肩攘臂，济济一堂，尽是细菌亲友、细菌本家。有时它们意见不合，争吵起来，扭作一团，全场大乱。【✐场面描写：这部分描写形象地写出了细菌的数量多，并且姿态、习惯等各不相同的情形。】人便觉得肚子里有一股气，放不出来。

"快到后门了，菜渣和细菌及咖喱似的黄汁相拌，一变而为屎。一斤屎有四五两细菌哩。然而大部分都是吃得太饱胀死了。

"以上所述，都是安分守己的细菌，还有一群专门捣墙毁壁的病菌，那我们不称它们作'食客'，简直叫它们作'刺客暗杀党'了。这就再请别的专家来讲吧！"

● 写一写，练一练

1. 选择。

牛奶里携带的细菌中，大多是（　　　）。

　　A. 乳枝杆菌　　　　B. 乳酸杆菌

2. 填空。

婴儿的肛门消毒后用无菌浴巾包好，它的无菌状态能保持（　　　）个小时之久。

CHAPTER

细菌的形态

有了一架可以放大至1000倍左右的显微镜，看细菌是便当的事了。只须将那有菌的东西，挑下一点点涂于玻璃薄片上，和以一滴清水，放在镜台上，把镜筒上下旋转，把眼睛搁在接目镜上一看，镜中自然隐约浮出细菌的原形来。

但是，这样看法，就好像半夜醒来，睡眠迷离中，望见天空烁烁灼灼，忽明忽暗的星河星云，看得太模糊恍惚了。

自柯赫先生引用了染色法以来，于是细菌也施紫涂朱，抹黄穿蓝，盛装艳服起来，显得格外分明鲜秀。

后来的细菌学家相继改良修进，革兰先生发明了阴阳染色法，齐尔、尼尔森两先生发明了抗酸染色法，于是细菌经过洗染之后，不仅轮廓明显，内容清晰，而且可做种种的分类了。

就其轮廓而看，细菌大约可分为六大类：一为像菊花似的"放线菌"，二为像游丝似的"丝菌"，三为断干折枝似的"枝菌"（即分枝杆菌），四为小皮球似的"球菌"，五为小棒子似的"杆菌"，六为弯腰曲背的"弧菌"，那第六类，有的多弯了几弯，像小小螺丝钉，又叫作"螺旋菌"。

这些细菌很少孤身漂泊，都爱成双结对，集队合群地到处游行。球菌中，有的结成葡萄般的一把一把数十百个在一起，名为"葡萄球菌"，有的连成珠儿般的一串一串，有短有长，名为"链球菌"，有的拼成豆、栗子、花生般的一对一对，名为"双球菌"，有的整整四个做成一处，名为"四联球菌"，有的八个叠成立方体，名为"八叠球菌"。【※列举：把各类球菌的形态特点一一列举出来，生动形象地写出了细菌成群结队的样子。】

杆菌中，有的竹竿似的一节一节；有的马铃薯般的有胖胖的身躯；有的大腹便便，身怀芽孢；有的芽孢在头上，身像鼓槌；有的两端肿胀，身似豆荚；有的身披一层荚膜；有的全身都是毛；有的头上留有辫子；有的既有辫子，又有尾巴；长长短短，有大有小。

细菌都有点阴阳怪气，有的阴盛，有的阳多，有的喜酸性，有的喜碱性。若用革兰先生的染料一染，点了碘酒之后，再用火酒来洗，有的就洗去了颜色，有的颜色洗不去了。洗去的就叫作"阴性革兰氏球菌"及"阴性革兰氏杆菌"；洗不去的就叫作"阳性革兰氏球菌"及"阳性革兰氏杆菌"哩。这阴阳两大类的球菌和杆菌，所以别者，皆因其化学结构及物理性质有所不同，换言之，即它们生理上的作用，是不一样的呀。

有一类分枝杆菌，如著名的结核杆菌，满身都是油，很不容易染色，后来齐先生和尼先生，把它放火上烘，烘得油都化走了，于是一经染色，就是放在酸汁中浸，也洗不退，这就是抗酸染色，这一类杆菌，又被称为抗酸杆菌了。

染色之道益精，菌身的内容益彰。细菌身上或有芽孢，或有荚膜，或有鞭毛。前文已经隐隐提出。芽孢所以传种，荚膜所以自卫，鞭毛所以游动。

除此之外，孢中并非空无一物，有的说还有孢核，有的说还有色粒，连细菌学家，都还没有一律的主见，我们俗人，不管这个。

● 写一写，练一练

1. 判断。

细菌一般不单独行动，都是成双入对的或群聚在一起，四处飘荡。

（　　　）

2. 选择。

阴阳染色法是（　　）发明的，抗酸染色法是（　　）发明的。

A. 齐尔、尼尔森　　　B. 革兰

CHAPTER

细菌的祖宗——生物的三元论

中国人最尊重的就是祖宗，所以现在我要谈起细菌的祖宗，一定很合你们的胃口，你们听了总不会十分讨厌吧。

不过，我们中国人从来是重男轻女的，所谓祖宗都是指父党而言，和母亲娘家的人是毫无关系的。每逢年节，祭祖扫墓的事不都是纪念父系这边的人吗？

细菌这生物，不分男女，不别雌雄，就是有，也都一律平等，没有什么轻重，所以科学家不论是在显微镜下观察，或者是在玻璃器里试验，不知费了多少精神，几许工夫，总不能辨出它们，哪个是公，哪个是婆，哪个是夫，哪个是妇。

细菌的祖宗究竟是谁呢？

古今中外的帝王都有年谱。世家也有列传。细菌族里可惜没有族谱，而且从来没有人替它们立传，所以菌族先世的性状并没有记载可寻。

于是生物学者就纷纷议论起来了。

人类和细菌初次会面还不过是260多年前的事。中国人虽常吃香蕈蘑菇，然而这些都是大菌，和细菌无干。

有人说香蕈蘑菇之类的大菌便是细菌的祖宗。提出这个意见的人以为小的生物都是从大的生物而来。例如蚂蚁、蜜蜂、蝴蝶、苍蝇以及其他一切昆虫的祖宗，就是古生物时代号称为大海霸王的"三叶虫"。在当时，三叶虫的躯体庞大无比，横行水中，【 动词：准确形象地写出了三叶虫毫无顾忌地乱冲乱撞、蛮不讲理的样子，也说明了块头大对三叶虫来说是个很大的优势。】水中小鱼小兽见了它都很羡慕，谁想到它后代的子孙，都是那么小小的。

又如龟、蛇、鳄鱼这一类的动物，它们的祖宗，也曾在大陆上横行过一时，那时代就叫作爬虫时代，那些爬虫，如恐龙怪蟒之类，都是顶大顶可怕的。

就是我们人类的祖宗，原始人的躯体听说也比现代人大了好些。这些不都是生物从大而小的证据吗？

然而有些微生物学者听了这话又大不以为然了。据他们说，单细胞生物是多细胞生物的祖宗，而单细胞生物却比多细胞生物小。这样一说，生物的演变，又是由小而大了。

据说最近几十年内，微生物学者又发现了好几种有生命的小东西，小到连显微镜下都看不见，因而被称作"超显微镜的生物"。那么，这些超显微镜的生物，是不是细菌的祖宗，而细菌又是不是其他一切生物的祖宗呢？

但是"超显微镜的生物"，也和细菌一样，也和香蕈蘑菇一样，都不能独立自主地生活，都须寄生于其他生物的身上，这样一说，就都没有做祖宗的资格了，因为没有主人不会有客人，没有其他生物之先哪里会有寄生物呢？

这岂不是像细菌这一类的东西，只配做人家的儿孙，不配做人家的祖宗吗？

生物学者向来强把生物分作两大界：一界是植物，一界是动物。

我以为既分作两界，不如分作三界。另添的一界是菌物，就是指香蕈蘑菇和细菌这一类的东西。

分作两界最大的理由，是植物体内有"叶绿素"，靠着这叶绿素的力量，它会利用阳光，将水及二氧化碳综合起来变成糖类。动物却没有这个本事，这是动植物两界基本上不同的地方。

其次，就是动物能够行动自由，不受土地的束缚，而植物则非连根带泥拔出来，就动不得，偶尔身上长有鞭毛或纤毛，然而也只能使局部略略飘动罢了，【❀ 动词："飘动"显示了植物不能到处乱走而只能是身上的某个部位稍稍摆动，不像动物一样可以自由行动的情形。】并不是全身的迁移。

再其次就是动物须到处寻找食物，所以具有敏锐的感觉神经，而植物无须仔细去辨别食物，所以并没有像动物那样敏锐的感觉。

又其次就是这两界的生物的形态大不相同。动物的身体都是缩作一团，上面有一条孔道可通食物，又具有消化器。植物所吃的东西都是气体和液体，这些东西四处都有，又无须经过消化的手续，所以它们的"枝""干""叶""根"都是四面张开。

现在大个子的菌物，如香蕈蘑菇之类，都是附着树干上而生，它们的外貌和植物没有两样，所以生物学者都把它们认作植物，可是它们的内容并没有一点叶绿素。没有叶绿素又怎样配称作植物呢！

至于细菌这一类小小的东西，固然有的也在土中生长，有的也随着空气而飘荡，有的也在水中奔波逐流，有的竟漂泊到动植物身上去，【举例说明：分别举例，将细菌不光存在于一个固定的地方，而是无处不在的特性表现了出来。】就是你们人类的肚子里也有它们的踪迹，它们身上的鞭毛又很活泼，在液体中游动起来，真比汽船潜艇还快，【夸张：这里使用了夸张的修辞手法，将细菌游动的速度之快形象地表现了出来，说明了鞭毛对于细菌游动的作用非常大。】这些都充分地表示它们是可以自由行动的，并不受土壤的节制。况且它们身上也没有一丝一毫的叶绿素，这样看来应当把它们归于动物一界了。

然而生物学者犹豫了半世纪之久，后来到底因为它们的生活状态极似大菌，终于列它们于植物之界了。

细菌族里还有一位螺旋菌大哥，它的形状弯弯曲曲，很像螺丝钉，因为它身上没有鞭毛，靠着它自身一弯一曲的力量，而能飞快地游动，因此有时生物学者又把它拉入动物之界了。

这似乎有点不公平。这是生物学传统的观念，以为生物只能有两界，不是植物，便是动物，只看形式，不顾实际。

植物固然有叶绿素，能自制糖。这糖便是植物自身的食料，但它却是造得太多了，而有过剩，这些过剩的食料便送给动物吃了。

动物因为有消化器，所以能把这些植物所过剩的食料，分解了而又重新综合起来，变成自身组织的结构。若植物只管制造食料，动物只管吞吃食料，而没有第三者出来代自然界收回这些原料，以供植物的再取再用，那生物界就有绝食之虞了。

这第三者的工作，就是菌物界的各分子来担任了。

香蕈蘑菇的工作，就是去分解树皮、树干、树枝、树叶这一类坚硬的东西，使它们软化，然后昆虫吃了才能消化。

细菌的工作，就是去分解动物的尸身，把它们变成各种无机物，以供植物直接从土中吸收。

由此可见，生物的循环是有三大段的，第一段是植物的工作，第二段是动物的工作，第三段便是菌物的工作了。

生物既分作三界了，菌族的地位，也就名正言顺，落落大方，不必依傍他物了，于是菌族的祖宗也就有些眉目可寻了。

这些眉目在哪里呢？

我们现在请达尔文先生出来做见证吧。在达尔文先生的《物种起源》里，一切生物的进化程序，可以说都是由简单而复杂。

这样一说，单细胞生物无疑是多细胞生物的祖宗了。

"阿米巴"是最简单的单细胞动物，于是阿米巴就做了动物界的祖宗了。青苔是最简单的单细胞植物，于是青苔就做了植物界的祖宗了。细菌是最简单的单细胞菌物，于是细菌也就做了菌物界的祖宗了。

这三界一样重要，缺一不可，这是生物的三元论。

写一写，练一练

1. 判断。

香草蘑菇虽是中国人爱吃常吃的东西，但它们和细菌没有关系，都属于大菌。（　　　）

2. 填空。

（　　　　）是最简单的单细胞动物，（　　　　）是最简单的单细胞植物，（　　　　）是最简单的单细胞菌物。

CHAPTER

清水和浊水

去年夏天各省抗旱，今年夏天江河泛滥，农民叫苦连天，【⚡**成语：**用简洁的语言写出了人民群众深受天灾之苦的情形，也表明了气候对老百姓的生活有很大的影响。】饿殍遍野，水的问题够严重的了。

伍秩庸先生论饮水说："人身自呼吸空气而外，第一要紧是饮水。饮比食更为重要，有了水饮，虽整天饿，也可以苟延生命。人体里面，水占七成。不但血液是水，脑浆78%也都是水，骨里面也有水。人身所出的水也很多，口涎、便溺、汗、鼻涕、眼泪等都是。皮肤毛管，时时出气，气就是水。用脑的时候，脑气运动，也是出水。统计人身所出的水，每天75两。若不饮水，腹中的食物渣滓填积，多则成毒。果能时时饮水，可以澄清肠脏腑的积污，可以调匀血液使之流通畅达，一无疾病。"【📖**引用：**引用伍秩庸先生论饮水的这些话，更加证明了水对人体的重要性。】这一篇话，自然是根据生理学而谈的。由此可见，水的问题对于人身更密切了。

然而，一杯水可以活人，一杯水也可以杀人。水可以解毒，也可以致病。于是水可以分为清水和浊水两种，清水固不易多得，浊水更不可不预防。

18世纪中，英国大化学家卡文迪什在试验氢与氧的合并时，得到了纯净的水。后来，法国大化学家拉瓦锡证实了这个实验，于是我们知道水是氢和氧的化合物。这种用化学法来综合而成的水，当然是极纯净极清洁的了。然而这种水实在不可多得，只好用它做清水的标准罢了。

一切自然界的水，多少总含有一些外物。外物愈多则水愈浊，外物愈少则水愈清。这些外物里面，不但有矿物，如普通盐、镁、钙、铁等的化合物之类，还有有机物。有机物里面，不但有腐烂的动植物，还有活的微生物。微生物里面，不但有普通的水族细菌，如光菌、色菌之类，还有那些专门害人的病菌，如霍乱弧菌、伤寒杆菌、痢疾杆菌之类。

自然界的水的来源，可分为地面和地心两种。地面的水有雨水、雪水、雹、冰、浅井、山泽、江河、湖沼、海洋等。地心的水就是深井的泉水。

雨水应当是很干净的了。然而当雨水下降的时候，空气中的灰尘愈多，所带下来的细菌也愈多。据巴黎门特苏里气象台的报告，巴黎市中的空气，每1立方米含有6040个细菌，<u>巴黎市中的雨水，每1升含有19000个细菌。在野外空旷之地，每1升的雨水，不过有一二十个细菌。</u>【🐙 **对比**：通过比较巴黎市中和野外空旷之地雨水中所含的细菌数量，突出了市中空气中所含细菌非常多的情形，另外也说明了雨水有净化空气的作用。】

雪水比雨水浊，这大约是因为雪块比雨点大，所冲下的灰尘和细菌也较多吧。然而巴斯德曾爬上阿尔卑斯山的最高峰去寻细菌，那儿的空气极清，终年积雪，雪里面几乎是完全无菌的了。

雹比雨更浊。1901年的7月，意大利拍杜亚地方下了一阵大雹，据白里氏检查的结果，每1升雹水至少有140000个细菌。这或是因为那时空气动荡得很厉害，地上的灰尘被吹到云霄里去，雹是在那里结成的，所以又把灰尘包在一起，带回地上了。

冰的清浊，要看是哪一种水结成的。除了冰山冰河以外，冰都是不大干净的呀，因为在冰点的低温度，大多数的细菌都能保持它们的生命啊。

浅井的水，假如井保护得法，或上设抽水机，细菌还不至于太多。若井口没有盖，一任灰尘飞入，那就很污浊了。

山涧的水，不使粪污流入，较为清净，所含的微生物，多是土壤细菌，于人无害，但经一阵大雨之后，细菌的数目立刻增加了好几倍。

江河的水最是污浊，那里面不但有很多水族细菌和土壤细菌，而且还有很多的粪污细菌，这些粪污细菌都有传染疾病的危险哪。粪污何以曾流入江河里面呢？这都是因为无卫生管理，无卫生教育，于是一般无训练的民众都<u>认为江河是公开的垃圾桶，</u>【🏹 **比喻**：把江河比作垃圾桶，生动形象地写出了江河水藏污纳垢、细菌繁多的特点。】在这一个大错之下，不知枉送了多少生命啊。

湖沼的水比江河为净。水一到了湖就不流了，因为不流，那儿无数的细菌都自生自灭，所以我们说湖水有自动洗净的能力，而以湖心的水比傍岸的水尤为清净少菌。

海水比淡水为净。离陆地愈远愈净。1892年，英国细菌学家罗素在那不勒斯海湾测验的结果，在近岸的海水中，每1立方厘米有7万个细菌，离岸4000米以外，每1立方厘米的海水，只有57个细菌了。【🖢 对比：通过对比说明离海岸越远，海水里的细菌越少的事实。】在大海之中，细菌的分布很平均，海底和海面的细菌几乎是一样多的。

由地心涌出的泉水和人工所开掘的深井的水是自然界最清净的水。据文斯洛的报告，波士顿的15个自流井，平均每1立方厘米只有18个细菌。水清则轻，水浊则重。清高宗曾品过通国之水，以质之轻重，分水之上下，乃定北平海淀镇西之玉泉为第一。玉泉的水里有没有细菌，我们没有试验过，就有，一定也是很少很少的了。

水的清浊有点像人，纯洁的水是化学的理想，纯洁的人是伦理学的理想，不见世面，其心犹清，一旦为社会灰尘所熏染，则难免污浊了。

清水固然可爱，然而有时含有病菌，外面看去清澈无比，里面却包藏祸心，这样的水是假清水，这样的人是假君子，其害人而人不知，反不如真浊水真小人之易显而人知预防。而且浊水，去其细菌，留其矿质，所谓硬性的水，饮了，反有补于人身哩。

化学工作上，常常需要没有外物的清水。于是就有蒸馏水的发明，一方将浊水煮开，任其蒸发，一方复将蒸汽收留而凝结成清水。这种改造的水是很清净无外物的了。医学上用水，不许有一粒细菌芽孢的存在。于是就有无菌水的发明。这无菌水就是将装好的蒸馏水放在杀菌器里消毒，将水内的细菌一概杀灭。这样人工双重改做出的水，就是我们今日最纯净的清水了。

浊水还可以改造为清水，人呢？

● 写一写，练一练

1. 按照水的清浊程度排序。（　　）

　　A. 雹　　　　B. 雪水　　　　C. 雨水

2. 填空。

　　18世纪中，英国大化学家（　　　　）在试验氢与氧的合并时，得到了纯净的水。

第7课：怎样写读后感
4—1

CHAPTER

细菌学的第一课

《读书生活》的编者要我写一篇生活记录。我想一想，我过去的生活，自己以为最值得写出来的，还是在美国芝加哥大学研究细菌学的那几年。但是若都把它记录出来，要成一部书。所以我只拣出第一天上细菌学的第一课时的情景，一一追述，比较浅显而易见，使读书好像也站在课堂和实验室的门口，或踮着脚尖儿站在玻璃窗前面，望望里面，看看有什么好看，听听讲些什么，也不至于白费这一刻读书工夫罢了。关于细菌学，我已在《读书生活》第二卷第二期，写过一篇《细菌的衣食住行》。此后仍要陆续用浅显有趣的文字，将这一门神秘奥妙的科学，化装起来，不，裸体起来，使它变成不是专家的奇货，而是大众读者的点心兼补品了。细菌学的常识的确是有益于卫生的补品，不过要装潢美雅，价钱便宜，而又携带轻便，大众才能吃，才肯吃，才高兴吃，不然不是买不起，就是吃了要头痛胃痛啊！

立克馆在芝加哥大学，是美国最老的细菌学府，是人类和恶菌斗争的一个总参谋机关。【🐛比喻：把芝加哥大学的立克馆比作人类和恶菌斗争的一个总参谋机关，充分体现了这所学校的权威性以及在这方面的重要地位，形象又具体。】

1926年的夏天，那天我正在立克馆第七号教室，上细菌学的第一课，同班只有两个美国哥儿，两个美国小姐，一个卷发厚唇的美洲黑人，连我共6人。大家都怀着新奇的希望，怀着电影观众紧张的心理，心里痒痒地等候着铃声。铃声初罢，一位戴白金丝眼镜的人，穿着白色医生制服，踏着大学教授的步子进来了，【🏹动词："踏"一词准确生动地刻画出了教授走路时步伐稳健的样子，细腻传神。】手里还抱着一大包棉花。

"细菌学是一个新生的科学婴孩呀……260年以前有一位列文虎克先生，他是荷兰人哪，顶会造显微镜，他造的显微镜比别人的都好哇……巴斯德先生看见一个法国小孩子被疯狗咬了，心里很难过……柯赫先生发现了结核杆菌，德国的民众都欢天喜地，全欧洲都庆贺他，全世界都感激他……现在日本有一位野口博士亲自到非洲去，得了黄热病，就拿自己的血来试验……我们立克馆的馆长——左当博士也是一个细菌学的巨头，没有他和他的同事的努力，巴拿马运河是建不成功的呀；没有他，芝加哥的水仍是会吃人的呀……"他娓娓动人地说了一大篇。【✿ 成语：贴切地写出了这位教授对细菌学发展的叙述，生动而形象。】

"现在我要教你们做棉花塞。"他一边解开棉花一边换一个音调继续说，"棉花塞虽是小技，用途很大，我们所以能寻出种种病原菌，它的功劳就不小，初学细菌学的人第一件要先学做棉花塞。原来棉花有两种：一种好比海绵，见了水就淋淋漓漓地湿作一团；一种好比油布，沾一点水不至全湿。我们要用第二种。拿一些这种不透水的棉花，捏作一丸，塞进玻璃试管便可划分成了内外两个世界，七分塞进里面，不松不紧，外界的细菌不得进去，内界的细菌不得出来。若把内界的细菌用热杀尽，内存的食品就永远不臭不坏。"说到这里他将棉花分给我们6个人各自练习。此时窗外热气腾腾，窗内热汗淋淋，我一面试做棉花塞，一面品味白衣教授的话。

我们每人都塞满了一篮的玻璃试管了。接着，他就吩咐我们每人都去领一架显微镜，再到第十四号实验室里会齐。

我刚从仪器储藏室的小柜台口领到一件沉重的暗黄色木箱子，一手提嫌太重，两手提嫌太笨，后来还是两手分工轮流着提。我回到了立克馆，出了一身汗，进了第十四号实验室，看到同班人都穿了白色制服，坐在那长长的黑漆的实验桌前面，有的头在俯着看，有的手在不停地擦拭，每一位的桌上都装有一个电灯和一个自来水龙头。我也穿了白衣，打开我的木箱子，取出一件黑色古董，恭恭敬敬地把它放在桌上。

这时候进来了一个矮胖子，神气不似教授，模样不似学生，他也穿着白色制服，手里捧着一个铁丝篮，篮里装满了有棉花塞的玻璃试管，跟在他的后面的就是那位白衣教授。

　　我也不顾他们了，醉心地摆弄我的黑色古董。那黑色古董，远看有点像高射炮，近看以为是新式西洋镜。上面有一个圆形的抽筒可以升降；中间有一个方形的镜台可以前后摇摆左右转动；下面是一个铁蹄似的座脚，全身上下大大小小共有六七个镜头；看起来比西洋镜有趣多了。【外貌描写：从远、近、上、中、下各个角度详细描写了显微镜的样子，使显微镜的真实样貌准确而生动地呈现在人们面前。】忽然从我的左肩背后伸过来一双毛手，两指间夹着一只有棉花塞的试管，盛着半管的黄汗。

　　"请你抽出一点涂在玻璃片上，放在镜台上看吧。"这是白衣教授的声音，于是我就照着他所指导的法子，一步一步地去做。

　　"这是像一串一串的黑珠哇。"我用左眼，又用了右眼，一边看一边说。

　　"我看的这一种像葡萄哇。"一位鹰鼻子美国哥儿的声音。

　　"我所看的像钓鱼的竹竿。"黑人说。

　　"这有点像马铃薯哇。"那位金黄头发的小姐说。

　　"我的上帝呀！这像什么呢？"我隔壁那位戴眼镜的美国哥儿忽然立起来对我说："高先生，请你看看，这一种细菌东歪西斜，不是很像中国字吗？"

　　"这倒像你们西洋人偶尔学写中国字所写的样子哩，我们中国字是方方正正的，没有那么歪歪斜斜呀。"我看了一看就笑着说。

　　还有一位美国小姐没有作声，忽然"啪嚓"一声，她的玻璃片碎了。【拟声词："啪嚓"一词真实生动地写出了玻璃片破碎的声音，同时和没作声的美国小姐的静形成对比。】于是白衣教授就走近她的位子郑重地说："我们用显微镜来观察细菌的时候，要先将那抽筒转到最下面至与玻璃片将接触为止，然后，在看的时候，慢慢地由低升高，切不可由高降低，牢记这一点道理，玻璃片就不至于破碎，镜头也不至于损坏了。"

　　那位小姐点着头，红着脸，默默地收拾残碎的玻璃片。

　　看过了细菌，白衣教授又领了我们6人出了实验室，走不到几步便闻见一阵烂肉的臭气，夹着一种厨房的气味，刚推开第十八号实验室的一扇门，那位矮胖子又出现了，正坐在那大大长长粗粗的黑桌子旁边，左手里握着4只玻璃试管，右手的大二两指捏着长圆形的玻璃漏器下面的夹子，一捏一捏的，黄黄的肉汁，就从漏器中泻到那一只一只的试管里面。他的动作很快，很纯熟，满桌满架上排着的尽是玻璃管、玻璃瓶、玻璃缸、玻璃碟，或空或满，或污或洁，大大小小，形形色色，更有那一筒一筒的圆铁筒，一个一个的铁丝篮，一包一包的棉花，和其他零星的物件，相伴相杂。满房里充满了肉汁和血腥的气味。

"这一个大蒸锅里面煮的是牛肉汤，"白衣教授指着另一张桌上一个大铜锅，锅底下面呼呼地烧着大煤气炉，"牛肉汤加上琼脂（琼脂是一种海草，煮化了会凝结成一块）就变成牛肉膏，再加上糖变成蜜饯牛肉膏，又甜又香又有肉味，此外还预备有牛奶、鸡蛋、牛心、羊脑、马铃薯等，这些都是上等补品。我们天天请客，请的是各处来的细菌，细菌吃得又胖又美，就可以供我们研究，供我们试验了……"

他没有说完，在他背后那个角落里，我又发现了一个新奇、庞大、长圆形的横卧在铁架上的黄铁筒，仿佛火车头一般，上面没有那突出的烟筒和汽笛，但有一个气压表、一个寒暑针、一个放气管插在上面，筒口有圆圆的门盖，半开半闭，里面露出一个装满了玻璃试管的铁丝篮。后来他告诉我们这是"热压杀菌器"，用高压力的蒸汽去杀尽细菌。

他推开后面那一扇门，让我们一个个踏进去。不得了，这里有动物的臭味腥气冲进鼻子里。一阵猫的尿气，一阵老鼠的屎味，一阵兔毛拌干草的气味，若不是还有一阵臭药水的味，鼻子就要不通气了。这里有更多更大的铁丝篮，整齐地分列两旁，一层一层一格一格地排着，每篮都有号数。篮中的动物看见我们走近，兔子就缩头缩耳地往后退却，猴儿就张着眼睛上下眺望，猫就伸出爪，小白老鼠东窜西窜，还有那些半像猪半像鼠的天竺鼠正吃萝卜不睬我们哩。【📖动作描写：写出了兔子、猴儿、猫等小动物看见"我们"后的不同反应，间接反映出这些长期接受试验的小动物给人类医学做出了巨大贡献。】

"这些动物都是人类的功臣，"那教授又扬起声音说了，"代我们病，代我们死，病菌生活的原理，都是用它们来查的呀。我们天天忙着，不是山羊抽血，就是豚鼠打针，不是老鼠毒杀，就是兔子病死，不是猫开刀，就是猴儿灌药，手段未免过辣，成效却非常伟大，现代医学的进步不知牺牲了多少这样的小动物哇……"

他说完了，又引我们看了后面的羊场。一只大母羊三只小山羊见了我们拔腿就跑。

我们出来又参观了冰箱和暖室，他又指示我们每人的仪器柜和衣服柜，我们就把木箱子的古董锁在仪器柜里面，脱了白衣锁在衣服柜里面。此时，开始时的臭味、腥气都被新奇的幻想所冲散了。

出了立克馆就是爱丽斯街，街上来来往往都是高鼻子的男女学生，唱着歌儿，呼着哈罗，说说笑笑，嘻嘻哈哈的，夹着书本，迈着大步走。我也夹杂在其间，心里在微微地笑，一步一步都欣然自得，像哥伦布发现了新大陆。

●写一写，练一练

1. 选择。

学生在显微镜下看到的细菌都有哪些形状？（　　　　）

A. 黑珠　　　　B. 马铃薯　　　　C. 葡萄　　　　D. 钓鱼竿

E. 苹果　　　　F. 中国字

2. 填空。

美国细菌学校中资格最老的是（　　　　）。

CHAPTER

凶手在哪儿

强盗在杀人，疾病也在杀人。

强盗的面前是财物，背后站着迫强盗为强盗的恶势力。

疾病的面前是身体虚弱不讲卫生的人，背后站着毒菌。

战争在酝酿着，时疫也在酝酿着。杀人的势力膨胀了。【🖈**动词**："膨胀"一词生动形象地写出了杀人的罪恶势力不断扩大的情形，用词贴切、传神。】

战争的凶手是帝国主义者的军队，时疫的凶手是毒菌的兵马。

战争造成了毒菌大量杀人的机会。它没有正式利用过毒菌，也许终究不敢利用，而毒菌却早已尽量利用了它。

单举"脑膜炎"为例吧。脑膜炎的凶手，是爱吃人血的一对一对的"双球菌"。经过一次大战，它就盛行一次。在欧战时，英军受害最烈，法军次之，德军几乎幸免，这或许是因为德国的军事卫生训练特别精到吧。

在战前，脑膜炎每年杀死的英国人，总不到200人。在1915年英国加入欧战之后，死于脑膜炎的人数，突然增至1521人。

在中国，脑膜炎素来就不和我们客气，一旦远东战事发生，即使敌人不散放脑膜炎的毒菌来扑灭我们，而因战时所造成的不卫生的环境，脑膜炎也自然地会趁势蔓延起来。那时，我们一般军队和民众，既缺卫生训练，又少预防常识，一个个手忙脚乱，不知如何是好，怎么得了！

脑膜炎如此，还有其他更多更凶的毒菌，都在那里扩充军备，瞧着，闻着，等候着大战的来临，就要一一发作，一一暴动起来，更怎么得了！

战争是时疫的导火线。

所以战争不仅是社会科学的问题，也还是自然科学的问题。

疾病不是私人的痛苦，大家都有份。病会流行，病会传染，传染所及，大众都要遭殃。一人的病，一变成大众的疫，全世界都生恐慌。

战争最大的对象，是要打倒了别人的国家，降服了异族。帝国主义者这才扬扬得意了。

时疫最大的对象，是要毁灭全人类，破坏生物界的完整。毒菌这才在那里吃吃而笑了。【✿ 动词："吃吃而笑"一词生动传神地描绘出毒菌侵害人类得逞后的无耻和阴险的模样，形象贴切，充满丰富的想象力。】

所以时疫虽是自然科学的问题，更也是社会科学的问题。

帝国主义者这凶手的潜势力，是很深长、久远的，它是明目张胆地行凶，我们是司空见惯了。

毒菌这凶手的潜势力，也很深长、久远。可是它在暗中作怪，我们只觉着受它的攻打，见不着它一些踪迹。

有一些毒菌的踪迹，虽是被科学家看穿了，我们大众哪里有这眼福。就是偶尔看到显微镜，也是茫然一无所得。

那么，请细菌学者开一张毒菌的清单，好吗？那又都是一批一批、生硬的怪名词，看了更糊涂。

既有这些杀人不见血、不留影子的凶手，又有那些土头土脑，【✿ 形容词："土头土脑"一词形象贴切地写出了无知民众愚昧的样子，生动而传神。】危险临头而还是那么懒洋洋的，没有团结力，没有自卫力的一般民众，这岂不是都坐着等死吗？

毒菌的真相、阵容，如何侵略我们，我们如何侦察、搜查，如何防御，如何消灭它的恶势力，这些似乎都是专家的智识。然而大战爆发了，寥寥几位专家是不济事的。卫生局就有成千的医生，可以立时动员给我们打预防针，施救急药，而一市数百万的居民，能个个都照顾到吗？中国有几个城市有卫生局呢？全国有多少能治病的医生呢？

因此，中国的民众在抵抗帝国主义者侵略的时候，对于防御毒菌的常识，是必不可少的。

最先要认识毒菌的巢穴、魔窟。然后进可以攻，退可以守，然后处处小心提防，不去沾染它。攻就要全部围剿，用消毒的手段去消灭它。

我是曾经在实验室里，掌管过毒菌的生死簿的一人，所以对于它的来历、形状，颇为清楚。

统观起来，屈指一算，它的魔窟，可有七处。

第一窟是水窟，叫作"粪窟"，更为切实。粪原是毒菌的大本营。一杯明净的水，它的来源若流进了粪，就有不少的毒菌混入，看去还是明净，然而就是这一杯水，把毒菌送到我们的肚肠里去了。这一类的毒菌，如伤寒菌、如痢菌、如霍乱菌，都是极凶狠的。当然，不要忘记了，苍蝇也是这一批传染症的帮凶。有时做帮凶的还是人们自己的手指头。

第二窟是人窟，更深切一点叫作"喉窟"也可以。毒菌就伏在人的咽喉里。带菌的人把它带来带去，四处散布，大众拥挤的地方，更是危险了。欧战时就有不少这经验。在营房里，本来人气就多，到晚上又都床靠床地睡。据说床的隔离，要在3英尺以外，才没有传染的危险。这一类的传染病，如结核、如白喉、如脑膜炎、如流行性感冒、如肺炎、如猩红热等，传染的法子，大同小异，都是以病人或带菌人为出发点的。

第三窟是食窟。这一类的毒菌，如肠热毒、如腊肠毒菌，都不待苍蝇的提携，早伏在肉和菜里面了。中国人吃的肉煮得烂，危险似乎较少。

第四窟是虫窟。身虱可怕吗？它会传染斑疹伤寒。臭虫、吮血蝇可怕吗？它们会传染回归热。跳蚤可怕吗？它会传染鼠疫，【🖊排比：写出了各种虫子传染疾病的恐怖，加强语势，引起人们足够的重视。】不过鼠疫还有老鼠被利用。疟蚊可怕吗？它会传染疟疾，不过疟疾的主因，不是毒菌，而是毒原虫。这些虫子有些常见有些不常见，一律打倒，免得将来帮凶。

第五窟是兽窟，在这里，人和兽都是被屠杀者。因为人和兽的接近，兽的疫就跑到人身上来了。疯狗咬人，人不但受伤，还会患狂犬病。马夫曾受马鼻疽的传染。牛羊的炭疽病，会传给织毛、洗革的工人。地中海一带的人，吃了羊奶，也会得马耳他热病。牛奶有时也会送结核菌到我们的肚子里去。欧战时，前线的兵士多得急性黄疸病，据说是身上的伤口沾着了老鼠尿。日本也有七日热、鼠咬热诸病，都与老鼠有关。的确，老鼠还是鼠疫的第一主人咧。

第六窟是土窟，这里抗敌的战士们要特别注意呀！在战壕里，就伏有不少的毒菌。不是那泥土不干净，就是那马粪太危险，受伤的军士经不起破伤风毒菌的袭击呀。有时在战地上跳出一种虱子咬你一口，还会发生战壕热的病哩。

第七窟是皮窟，由皮肤和皮肤的密切接触而传染。那就是混入人类的性生活里的梅毒菌和淋菌，还有那趴在皮肤上老不肯去的麻风菌。这些顽固的毒菌，在传染病的暴风雨中，居然也占有一角很大的地盘。

也许还有第八窟。这七窟也并不是天然的分界。不过在这七窟里，我们时时都可以发现毒菌在活动蔓延。

水，人，食，虫，兽，土，皮，这毒菌的七窟，认清吧！

临了，我记起一件事。第八窟是有的，那就在帝国主义者预备施放毒菌战的时期。那么，我们要扑灭毒菌，就先打倒帝国主义者！

● 写一写，练一练

1. 下列毒菌或疾病各经哪一窟传染？请用线连接起来。

人窟　　　　破伤风毒菌

虫窟　　　　麻风菌

水窟　　　　牛羊的炭疽病

食窟　　　　斑疹伤寒

土窟　　　　腊肠毒菌

皮窟　　　　脑膜炎

兽窟　　　　痢菌

2. 填空。

　　（　　　）是脑膜炎的主谋。

科学趣谈：细胞的不死精神

　　高士其的科学小品以细菌学为主，但常常广征博引，涉及整个自然科学领域。而且高士其以深入浅出、通俗易懂的普及形式来使人们理解科学、理解公共卫生，以达到改变陋习、健康生活、移风易俗、使社会变得文明的目的。本章将带你去领略科学世界的绮丽风光，帮你建立健康、卫生的生活方式。

CHAPTER

细胞的不死精神

嘀嗒嘀嗒，【⚐ 拟声词："嘀嗒嘀嗒"真实地描摹出了钟"行走"时发出的声响，也体现出时间的催人之态。】嘀嗒又嘀嗒……

壁上挂钟的声音，不停地摇响，在催着我们过年似的。

不会停的呀！若没有环境的阻力，只有地心的吸力，那挂钟的钟摆，将永远在摇摆，永远嘀嗒嘀嗒。

苹果落在地上了，江河的潮水一涨一退，天空星球在转动，也都为着地心的吸力。

这是18世纪，英国那位大科学家牛顿先生告诉我们的。

但，我想，环境虽有阻力，钟的摇摆，虽渐渐不幸而停止了，还可用我的手，再把发条开一开，再让钟摆摆一摆，又嘀嗒嘀嗒地摇响不停了。

再不然，钟的机器坏了，还可以修理的呀。修理不行，还可以拆散改造的呀。

我们这世界，断没有不能改良的坏货。不然，收买旧东西的，便要饿肚皮。

钟摆到底是钟摆，怕的是被古董家买去收藏起来，不怕环境有多么大的阻力，当有再摇再摆的日子。

地心的吸力，环境的阻力，是抵不住、压不倒的，人类双手和大脑得一齐努力抗战哪。你看，一架一架、各式各样的飞机，不是都不怕地心的吸力，都能远离地面而高飞吗？

这一来，钟摆仍是可以嘀嗒嘀嗒地不停了。也许因外力的压迫，暂时吞声，然而不断地努力，修理，改造，整个嘀嗒嘀嗒的声音，万不至于绝响的呀！

无生命的钟摆，经人手的一拨再拨，尚且永远不会停止；有生命的东西，为什么就会死亡？究竟有没有永生的可能呢？

死亡与永生，这个切身的问题，大家都还没有得到一个正确的解答。

在这年底难关大战临头的当儿，握着实权的老板掌柜们，奄奄没有一些生气，害得我们没头没脑，看见一群强盗来抢，就东逃西躲，没有一个敢出来抵抗，还有人勾结强盗以图分赃哩。真是1935年好容易过去，1936年又不知怎样。不知怎样做人是好，求生不得，求死不能，生死的问题愈加紧迫了。

然而这问题不是悄悄地绝望了。

我们不是坐着等死，科学已指示我们的归路、前途。

我们要在生之中探死，死里求生。

生何以会生？

生是因为，在天然的适当环境之中，我们有一个不能不长、不能不分的细胞。

细胞是生命的最小最简单的代表，是生命的基本单位。不论是穷得如细菌或阿米巴，一条性命，也有一个寒酸的细胞，或富得像树或人一般，一身也不过多拥几万万细胞罢了。山芋的细胞，红葡萄的细胞，不比老松老柏的细胞小多少。大象、大鲸的细胞，也不比小鼠小蚁的细胞大多少。在这生物的一切不平等声浪中，细胞大小肥瘦的相差，总算差强人意吧。

这细胞，不问它是属于哪一类生物，落到适合于它生活的肉汁、血液，或有机的盐水当中，就像磁石碰着铁粉一般高兴，尽量去吸收那环境的滋养料。

【比喻：把肉汁、血液等对细胞的吸引比作磁石碰着铁粉，说明了它们的吸引力之大，生动形象，可视可感，易于理解。】

吸收滋养料，就是吃东西，是细胞的第一个本能。

细胞吃饱了，会涨大，涨得满满大大的，又嫌自己太笨太重了，于是不得不分身，一分而为二。

分身就等于生孩子，是细胞的第二个本能。

分身后，身子轻小了一半，食欲又增进了。于是两个细胞一齐吃，吃了再分，分了又吃。

这一来，细胞是一刻比一刻多了。

生物之所以能生存，生命之所以能延续下去，就靠着这能吃能分的细胞。

然而，若任细胞不停地分下去，由小孩子变成大人，由小块头变成大块头，再大起来，可不得了，真要变成大人国的巨人，或竟如希腊神话中的擎天大汉，或如佛经中的须弥山王那么大了。

为什么，人一过了青春时期，只见他一天老过一天，不见他一天高大过一天呢？

是不是细胞分得疲乏了，不肯再分哪？有没有哪一天哪一个小时，细胞突然宣告停业了倒闭了呀？

细胞的靠得住与靠不住，正如银行、商店的靠得住与靠不住，不然，人怎么一饿就瘦，再饿就病，久饿就死呢？不是细胞亏本而招盘吗？那么，给它以无穷雄厚的资源，细胞会不会渡过死亡的难关，而达于永生之域呢？

这是一个谜。

这个谜，绞尽了几十位科学家的脑汁，费光了好几位生理学者的心血，终于是打破了。

1913年，有一天，在纽约，在那一所煤油大王洛氏基金所兴建的研究院里，有一位戴着白金眼镜的生理学者——葛礼博士，手里拿着一把消毒过的解剖刀，将一只活活的童鸡的心取出，他用轻快的手法，割下一小块鲜红的心肌肉，投入丰美的滋养汁中，放在一个明净的玻璃杯里面，立刻下了一道紧急戒严令，长期不许细菌飞进去捣乱，【✿ 动词：生动形象地写出了细菌进入玻璃杯后胡作非为的样子，用词活泼有趣，使细菌的形象变得可爱起来。】并且从那天起，时时灌入新鲜的滋养汁，不使那块心肌肉的细胞有一刻饿。

自那天起，那一块小小肉胚，每过了24个小时，就长大了一倍，一直活到现在。

前几年，我在纽约城，参观洛氏研究院，也曾亲见过这活宝贝，那时候它已经活了16年了，仍在继续增长。

本来，在鸡身内的心肌肉，只活到1年，就不再长大了。而且，鸡蛋一成了鸡形，那心肌肉细胞的分身率，就开始退减了。而今这个养在鸡身以外的心肌肉细胞，竟然已超过了死亡的境界，而达到永生之域了。至少，在人工培养之中，还没有接到它停止分身的消息呀！

葛礼博士这个惊人的实验证实了细胞的伟大。

细胞真可称为仙胞，它有长生不死的精神与力量，只可惜为那死板的环境所限制。一个细胞，分身生殖的能力虽无穷，但恨没有一个容纳这无穷之生的躯壳，因而细胞受了委屈，生物都有死亡之祸了。

说到这里，我又记起那寒酸不过，一身只有一个细胞的细菌。它们那些小伙伴当中，有一位爱吃牛奶的兄弟，叫作"乳酸杆菌"。当它初跳进牛奶瓶里去时，显得很威风，几乎把生奶的精华都吃光了。【拟人：生动形象地刻画出了"乳酸杆菌"在牛奶中吸收精华时非常威风的样子，语言活泼，富有情趣。】后来，谁知它吃得过火，起了酸素作用，大煞风景了。因为在酸溜溜的奶汁里，它根本就活不成。

这是怪牛奶瓶太小，酸却集中了。设使牛奶瓶无限大，酸也可以散至"乌有之乡"去，那杆菌也就可以生存下去了。

这是细菌的繁殖，也受了环境的限制。

环境限制人身细胞的发展，除了食物和气候而外，要算是形骸。

形骸是人身的架子，架子既经定造好了，就不能再大，不能再小，因而细胞又受着委屈了。

据说限制人身细胞发展的，还有"内分泌"咧。

内分泌，这稀奇的东西，太多了也坏事，太少了也坏事，我们现在且不必问它。

有人说中国的民族老了，中华民族的内分泌，一半变成汉奸，一半变成不抵抗的弱者，把中国的细胞都搅得分散了。

中华民族的生存，也和细胞一样，受着环境的威胁了。内有汉奸的捣乱、不抵抗弱者的牵制，外有强敌的步步压迫，已到了生死存亡的关头了。【成语：写出了整个民族内受汉奸、弱者破坏，外受强敌逼迫，到了关乎生死的关键时刻，突出了形势的严峻性。】

然而民族是有不死的精神和斗生的力量的。

中华民族固有的不死精神和潜伏的斗生力量，消沉到哪里去了？还不跳出来！

我们要打破"由命不由人"这个传统的糊涂意识。科学已指示我们，环境的阻力，可以一一克服。我们民族的命运，还在我们民众自己手里。全体中华民众团结起来，武装起来，奔腾怒吼起来，任何敌人的飞机、大炮都要退避。

就是敌人已经把我们国家拉上断头台去，我们民众还可一声呐喊，大劫法场啊！

用人手一拨，钟摆可以不停。

用人工培养，细胞可以永生。

集合民众力量，一致抗敌，自力更生，自力斗生，中国不亡！

● 写一写，练一练

1. 填空。

（　　）是生命的最小代表，是生命的基本单位。

2. 选择。

地球的引力造成的现象有（　　　）。

A. 苹果的掉落　　　　B. 潮水的涨退

C. 天空星球的转动　　D. 光的折射

CHAPTER
民主的纤毛细胞

　　为了要写一篇科学小品，我的大脑就召集全身细胞代表在大脑细胞的会议厅里面，开了一次紧急会议，商讨应付办法。纤毛细胞和肌肉细胞的代表联名提出了一个书面建议，在那建议书上，它们提出了一个题目，就是"纤毛细胞和肌肉细胞"。它们的理由是，纤毛和肌肉都是人身劳动的主要工具，都是生命的最活泼的机器，应该向广大中国人民做一番普遍的宣传。

　　我的大脑细胞就说："本细胞不是生理学专家，虽然也曾在医科大学的生理学讲堂里听过课，并且曾在生理学的实验室里跑来跑去过，但这是很久以前的事了。因此对于生理学的记忆是十分模糊的。"

　　经过大家讨论之后，就决定由大脑的记忆区里面选出几位代表，会同视觉和听觉的代表，坐"回忆号"的轮船到微生物的世界里去访问微生物界的几个特殊的细胞，征求它们的意见。

　　首先，它们去访问的是细菌国里的球菌先生。

　　球菌先生正坐在显微镜底下的玻璃片上面的一滴水里面。它，一丝不挂的光溜溜的细胞，坐在那里，动也不动，就对我的大脑细胞代表团说："这题目我一点印象都没有，因为我本身的细胞膜上面一根毛也没有，当我出现在地球上的空气中和土壤里面的时候，生物的伸缩运动还没有开始，因此，我对于这个问题是没有什么意见的。"

　　在另外一块玻璃片上，它们又去访问了杆菌先生的家庭。

　　杆菌先生的家里，人口众多，形形色色，无奇不有。有的细胞肚里藏着一颗十分坚实的芽孢，有的细胞身上披着一层油腻的脂肪衣服。最后我的大脑细胞代表团发现一群杆菌在水里游泳，露出一根一根胡须似的长毛。

它们就上前对这些有毛的杆菌说明了来意。

那些杆菌就说："我们细胞身上虽然长出不少的毛，它们的科学名词却是鞭毛，我们都是鞭毛细菌，纤毛细胞还是我们的后辈，你们要到动物细胞的世界里面去调查一下，才能明了真相啊。"

出了细菌国的边境，有两条水路，一条可以通到原生植物的国界；一条可以直达原生动物的国境。

这原生动物的国土上有四个大都市：第一个大都市是变形虫都市，第二个大都市是鞭毛虫都市，第三个大都市就是纤毛虫都市，还有一个大都市，那是孢子虫都市。

变形虫和孢子虫的细胞身上都没有毛，鞭毛虫的细胞身上只有稀稀疏疏的几根鞭子似的长毛，只有那第三个大都市的居民细胞身上才生长着满身的纤毛，它们才是纤毛细胞真正的代表，也就是我的大脑细胞代表团所要访问的对象。

于是，它们就到纤毛虫都市里去采访这一篇科学小品的材料。

它们走进城里，看见那些细胞民众都在舞动着它们的纤毛，有的在走路，有的在吸取食物，有的在呼吸新鲜的空气。

它们看见那些纤毛摇动的形式各有不同，<u>有的是钩来钩去的，有的是摇摇摆摆的，有的像大海中的波浪，有的像漏斗，但是它们都是许多纤毛集合在一起劳动的，它们是有统一运动方向的。</u>【❀排比：写出了纤毛各种各样的摇动方式，表现了纤毛摇动方式的多样性，形象具体。】

当时，它们的发言人对我大脑细胞代表团说："<u>我们这一群纤毛细胞，世世代代都是住宿在这样的水面，有时也曾到其他动物身上去旅行，你们人类的大小肠就是我们的富丽堂皇的旅馆，而我们的国家则是这水界天下。</u>【✍比喻：把人类的肚肠比作富丽堂皇的旅馆，生动形象地写出了人类肚肠是最适宜纤毛细胞居住的地方，语言充满趣味性。】

"当我们出外游行的时候，我们常看到许多动物体内都有和我们一模一样的纤毛细胞。

"你瞧，在你们人类的身体上，就有许多地方生长着和我们同样的纤毛细胞。

"像在你们的鼻房里,你们的咽喉管里,你们的气管道上,你们的支气管道上,你们的泪管道上,你们的泪房里,你们的生殖道上,你们的尿道上,你们的输卵管道上,你们的输精管道上,甚至你们的耳道上,甚至你们的脑房里和脊髓道上,都有纤毛细胞在守卫着,像守卫着国土一样。

"它们的工作是输送外物出境,从卵巢到子宫,卵的输送,和从子宫到输卵管,精虫的护送,也是它们的责任哪。

"它们这些纤毛细胞身上的纤毛,虽然非常渺小,但是由于它们的劳动是集体的合作,由于它们的方向是一致的,所以它们能够肩负起很重的担子,根据某生理学家的估计,在每平方公寸的面积上面,它们能够举起336克重的东西。【✗ 动词:"举起"一词形象地写出了纤毛细胞力量的巨大,也突出了纤毛细胞的团结合作精神,用词准确而贴切。】

"这些纤毛细胞还有一个最大的特色,那就是它们都是人体上的自由人民,它们的劳动是自立的,不受大脑的指挥,不受神经的管制。即使把它们和人体分离出来,它们还能够暂时维持它们纤毛的活动。

"但是好像处在反动统治时期高物价的压迫下,人民受尽了饥饿的苦难,这些纤毛细胞在高温度的压迫下,它们的纤毛也会变得僵硬而失去了作用。

"正如在反动统治的环境里面,许多人民不能生活下去,这些纤毛细胞在强度酸性的环境里面,也不能生存下去。"

我的大脑细胞代表团听完了这段话,就决定写一篇关于纤毛细胞的报告,并且把它的题目定作"民主的纤毛细胞"。

写一写,练一练

1. 填空。

原生动物国里有( )都市,( )都市,( )都市和( )都市。

2. 判断。

每平方公寸的面积上的纤毛细胞能够举起336克重的东西。( )

CHAPTER

纸的故事

一

我们的名字叫作"纤维"，我们生长在植物身上。地球上所有的木材、竹片、棉、麻、稻草、麦秆和芦苇都是我们的家。我们有很多的用处，其中最大的一个用处，就是我们能造纸。

这个秘密，在1800多年以前，就被中国的古人知道了，这是中国古代的伟大发明之一。

在这以前，人们记载文字，有的是刻在石头上，有的是刻在竹简上，有的是刻在木片上，有的是刻在龟甲和兽骨上，有的是铸造在钟鼎彝器上。这些做法，都是很笨的呀！

到了东汉时代，就有一个聪明的人，名叫蔡伦，他聚集了那时候劳动人民丰富的经验，改进了造纸的方法。用纸来记载文字就便当多了。

蔡伦用树皮、麻头、破布和渔网做原料，这些原料里面都有我们存在。他把这些原料放在石臼里舂烂，再和上水就变成了浆。他又用丝线织成网，用竹竿做成筐，做成造纸的模型。他把浆倒在模型里，不断地摇动，使得那些原料变成了一张席，等水都从网里逃光了，就变成了一张纸，再小心地把它拉下，铺在板上，放在太阳光下晒干，或者把它焙干，就变成了干的纸张。这就是中国手工造纸的老方法。

纸在中国发明以后，又过了1000多年，才由阿拉伯人把它带到欧洲各国去旅行。它到过西西里、西班牙、叙利亚、意大利、德意志和俄罗斯，差不多游遍了全世界。【✎动词："游遍"一词富有拟人色彩，生动形象地写出了纸张被发明以后传播到世界各地的情形，突出了纸对人类的巨大贡献。】造纸的原料沿路都有改变。

普通造纸的方法，都是用木材或破布等做原料。

在这些原料里面，都少不了我们，我们是造纸的主要分子。拿一根折断的火柴，再从破布里抽出一根纱，放在放大镜下面看一看，你就可以看出火柴和纱都是我们组织成的。纸就是由我们造成的。你只要撕一片纸，在光亮处细看那毛边，就很容易看出我们的形状。

二

我们现在讲一个破布变纸的故事给你们听，好吗？这是我们在破布身上亲身经历的事。

有一天，破布被房东太太抛弃了。不久，它就被收买烂东西的人捡走，和别的破布一起送到工厂里去。

在工厂里，他们先拿破布来蒸，杀死我们身上的细菌，去掉我们身上的灰尘。工厂里有一种特别的机器，专用来打灰尘的，一天可以弄干净几千磅的破布。随后他们把这干净的破布放在撕布机里，撕得粉碎。为了要把我们身上一切的杂质去掉，他们就把这些布屑放在一个大锅里，和着化学药品一起煮，于是我们被煮烂了。他们又用特别机器把我们打成浆。他们还有一部大机器，是由许多小机器构成的。纸浆由这一头进去，制成的纸由那一头出来。我们先走进沙箱里，是一个有粗筛底的箱子，哎呀！我们跌了一跤，【✋动词："跌了一跤"一词拟人化地写出了被打成浆的破布进入有粗筛底的箱子时一下子漏下去的情形，用词形象贴切，充满情趣。】我们身上的沙，都沉到底下去了。于是我们流进过滤器——是一个有孔的鼓筒，不断地摇动，我们身上的结和团块都留在鼓筒里。于是我们变成了清洁的浆，从孔里漏出来，流到一个网上。最后，我们由网送到布条上，布条把我们带到一套滚子中间，有些滚子把我们里面的水挤压掉，另有些有热蒸汽的滚子，把我们完全烤干。最后，我们就变成了一片美丽而大方的纸。【✍形容词："美丽""大方"把破布变成纸的巨大变化生动形象地体现了出来，突出强调了其模样变化之大。】这就是机器造纸的方法。

蔡伦在用各种各样的原料造纸

　　这样，我们从破布或其他废料出身，经过科学的改造，变成了有用的纸张，变成了文化阵线上的战士。

● 写一写，练一练

1. 填空。

　　（　　　）时期，（　　　）发明了造纸术。

2. 选择。

　　造纸的原料有哪些？（　　　）

　　A. 树皮　　　B. 麻头　　　C. 破布　　　D. 渔网　　　E. 动物的毛皮

第8课：怎样写读后感
4-2

CHAPTER

灰尘的旅行

灰尘是地球上永不疲倦的旅行者，它们随着空气的动荡而飘流。

我们周围的空气，从室内到室外，从城市到郊野，从平地到高山，从沙漠到海洋，几乎处处都有它们的行踪。真正没有灰尘的空间，只有在实验室里才能制造出来。

在晴朗的天空下，灰尘是看不见的，只有在太阳的光线从百叶窗的隙缝里射进黑暗的房间的时候，才可以清楚地看到无数的灰尘在空中飘舞。大的灰尘肉眼固然也可以看得见，小的灰尘比细菌还小，就是用显微镜也观察不到。

根据科学家测验的结果，在干燥的日子里，城市街道上的空气，每立方厘米大约有10万粒的灰尘；在海洋上空的空气里，每立方厘米大约有1000粒灰尘；在旷野和高山的空气里，每立方厘米只有几十粒灰尘；在住宅区的空气里，灰尘要多得多。【✍排比：写出了各种环境下灰尘的具体含量，同时反映出灰尘无处不在的特性。】

这样多的灰尘在空中游荡着，对于气象的变化产生了不小的影响。原来灰尘还是制造云雾和雨点的小工程师，它们会帮助空气中的水分凝结成云雾和雨点，没有它们，就没有白云在天空遨游，也没有大雨和小雨了。没有它们，在夏天，强烈的日光将直接照射在大地上，使气温不能降低。这是灰尘在自然界的功用。

在宁静的空气里，灰尘开始以不同的速度下落，这样，过了许多日子，就在屋顶上、门窗上、书架上、桌面上和地板上，铺上了一层灰尘。这些灰尘，又会因空气的动荡而上升，风把它们吹送到遥远的地方去。

1883年，在印度尼西亚的一个岛上，有一座叫作克拉卡托的火山爆发了。在喷发的时候，岛的大部分被炸掉了，最细的火山灰尘上升到8万米——比珠穆朗玛峰还高8倍的高空，周游了全世界，而且还停留在高空一年多。这是灰尘最高最远的一次旅行了。

如果我们追问一下：灰尘都是从什么地方来的？到底是些什么东西呢？我们可以得到下面一系列的答案：有的是来自山地的岩石的碎屑，有的是来自田野的干燥土末，有的是来自海面的由浪花蒸发后生成的食盐粉末，有的是来自上面所说的火山灰，还有的是来自星际空间的宇宙尘。这些都是天然的灰尘。

还有人工的灰尘，主要是来自烟囱的烟尘，此外还有水泥厂、冶金厂、化学工厂、陶瓷厂、锯木厂、纺织工厂、呢绒工厂、面粉工厂等，这些工厂都是灰尘的制造所。

除了这些无机的灰尘而外，还有有机的灰尘。有机的灰尘来自生物的家乡。有的来自植物之家，如花粉、棉絮、柳絮、种子、胞芽等。还有各种细菌和病毒。有的来自动物之家，如皮屑、毛发、鸟羽、蝉翼、虫卵、蛹壳等，还有人畜的粪便。

有许多种灰尘对于人类的生活是有危害性的。自从有机物参加到灰尘的队伍以来，这种危害性就更加严重了。

灰尘的旅行，对于人类的生活有什么危害性呢？

它们不但把我们的空气弄脏，还会弄脏我们的房屋、墙壁、家具、衣服以及手上和脸上的皮肤。它们落到车床内部，会使机器的光滑部分磨坏；它们停留在汽缸里面，会使内燃机的活塞发生阻碍；它们还会毁坏我们的工业成品，把它们变成废品。这些还是小事。灰尘里面还夹杂着病菌和病毒，它们是我们健康的最危险的敌人。

灰尘是呼吸道的破坏者，它们会使鼻孔不通、气管发炎、肺部受伤，而引起伤风、流行性感冒、肺炎等传染病。如果在灰尘里边混进了结核菌，那就更危险了，所以必须禁止随地吐痰。此外，金属的灰尘特别是铅，会使人中毒；石灰和水泥的灰尘，会损害我们的肺，又会腐蚀我们的皮肤；花粉的灰尘会使人发生哮喘病。在这些情况之下，为了抵抗灰尘的进攻，我们必须戴上面具或口罩。最后，灰尘还会引起爆炸，这是严重的事故，必须加以防范。

因此，灰尘必须受人类的监督，不能让它们乱飞乱窜。

我们要把马路铺上柏油，让喷水汽车喷洒街道，把城市和工业区变成花园，让每一个工厂都有通风设备和吸尘设备，让一切生产过程和工人都受到严格的保护。

近年来，科学家已发明了用高压电流来捕捉灰尘的办法。【✐ **动词：** 形象地写出了高压电流黏附灰尘的样子，用词生动、贴切。】人类正在努力控制灰尘的旅行，使它们不再成为人类的祸害，而为人类的利益服务。

● 写一写，练一练

1. 按照每立方厘米的空气里灰尘含量多少来排序。（　　　）

    A. 湿润的海洋上空

    B. 干燥的城市街道

    C. 树木丛生的旷野和高山

2. 填空。

    灰尘最高可以游荡到（　　　）米的高空，比珠穆朗玛峰还高（　　　）倍。

CHAPTER

镜子的故事

报载：1956年12月在日本本州中部冈山市的一个古墓里发现13面中国古代铜镜，估计有1800年的历史。这些古镜呈圆形、有花纹，都是用青铜制成的。

青铜镜是镜子的祖先，它的发现一向为考古学家所珍视。

考古学家在100多年以前，就在埃及一座坟墓里找到一个有柄的金属圆盘，已经生锈，当时人们不知道这个圆盘做什么用。

有的说，这个圆盘是用来代替扇子的；有的说，它是一种装饰品；又有的说，这是一个烤饼的烤盘。【 排比：体现出人们对出土的金属圆盘的各种猜测，也突出了青铜镜的罕见和稀有。】

后来经过实验证实，这是一面青铜镜子。

古时候，除了用青铜制造的镜子以外，还有用银子制造的银镜和用钢制造的钢镜。但是，这些金属镜子一遇到潮湿就会发暗生锈，失去本来面目。为了避免这一点，就不能让它们的表面同空气和水分接触。这就需要用玻璃来制造了。

从金属镜到玻璃镜，镜子走了一段有趣的历史。

在人们学会做玻璃以前，是不懂得制造玻璃镜子的。

威尼斯人是制造玻璃的能手，首先发明制造玻璃镜子的也是他们。他们的制法是把水银和锡的合金跟玻璃粘在一起。他们一直保守着这个秘密。

于是，欧洲的王公贵族、阔佬名人都到威尼斯去订购镜子。

法国有个王后叫作玛丽·德·美第奇，在她结婚的时候，威尼斯共和国曾献给她一面玻璃镜子作为礼物，这面镜子虽然小得很，据说它却值15万法郎

法国王后在梳妆台前对着镜子化妆

哩。王后很爱它。

后来，爱好镜子竟成了一种风气。镜子变成一种显耀的东西。当时的贵族都争先恐后地宁愿什么都不买，【✦ **成语**：刻画出当时的贵族们抢着向前、唯恐落后，怕得不到镜子来炫耀身份的急切的样子，用词贴切、传神。】却一定要买一面玲珑的镜子。

从此，法国的金钱都流到威尼斯去了。

为了挽回这种损失，法国驻威尼斯大使奉到密令，叫他收买两三名做镜子的技师，把他们偷偷地运到法国去。

不久之后，在法国诺曼底也建立了一座制造玻璃镜子的工厂。

法国爱买镜子的人更多起来了。有钱的人都想给自己家里弄到一面镜子。人们开始用镜子装饰床铺、餐桌、椅子和橱柜，甚至于在礼服上也缝上小镜子片，使其跳舞的时候在灯光照耀之下闪闪烁烁地发光。这真是美丽呀！

镜子的需求量一年比一年增加，但是它的质量还很低劣，玻璃表面不平，照出来的嘴脸歪曲不正，而且镜子都很小，不能照全身。

于是人们渴望着有大玻璃镜的出现。

制造大玻璃镜之功，是属于法国人的。但是，制造大玻璃镜就需要用大玻璃板，而把玻璃板磨平和磨光是一件十分细致和沉重的工作，【✿ **形容词**："细致""沉重"两个词语真实、贴切地反映出制作镜子这项工作的难度之大，既需要人的耐心，又需要付出极大的体力。】这种工作既吃力又费时间，结果大玻璃镜的价钱就非常昂贵了。

幸而在今天，人们已经发明一种用机器磨玻璃的方法，而且还能使这种方法自动化。这样就使镜子的价格大跌，一般平民也都买得起。

玻璃镜子的制法越来越完善，它的用途也越广。

人们已经不再用水银和锡的合金了，而是在玻璃板上涂了一层薄的银子，在它的上面又涂上一层漆来保护这层银子。这样制成的镜子，照出来的影子非常清楚。

现在人们已经能造出一种新式玻璃，一面看去是镜子，一面看去是透明的玻璃。把这种玻璃装在汽车上，就使你能浏览窗外的风光人物，而过路的人却不能望见你，只能看见他自己。

科学技术的进步真令人兴奋。

写一写，练一练

1. 填空。

1956年12月日本本州中部冈山市的一个古墓里发现了13面约有（　　　）年历史的中国古代铜镜。

2. 选择。

（　　　）擅长制造玻璃，就是他们首先发明制造了玻璃镜子。

A. 英国人　　　B. 法国人　　　C. 威尼斯人

CHAPTER

热的旅行

天气一天比一天冷了。天气越冷，人们就越需要热。

提起热来，人们就很容易想起太阳、火炉、烧红的铁块、开水和热汤等。

热是什么呢？依照科学的说法，热是一种能，就像光、电、原子能、无线电波、食物和燃料一样，都是能。

热是从哪里来的呢？太阳是热的最大源泉，它不断地向宇宙空间放射出它的热。

这种热射到地球表面的只占它所发出的总热量的二万万分之一，这一点热量，已经相当于每秒钟烧60万吨煤所产生的热。如果全地球的表面都结成200米厚的冰层，太阳所射到地面上的热量，也足够把它全部融化。

<u>太阳是热的总司令，它指挥着热和寒冷作战。热还有大大小小的指挥官，火就是其中的一种。</u>【◎拟人：把太阳比拟成热的总司令，把火比拟成热的指挥官，生动形象地写出了太阳、火和热的具体关系，使人易于理解，同时使语言充满趣味性。】火是一种燃烧的现象，我们到处都可以见到它：在木炭盆里，在煤火炉里，在煤气炉里，在煤油灯上，在高炉里，在大大小小用火的场合。

电也是一名发热的指挥官，电流通过铜线，铜线就会发红、发热。电灯、电炉、电熨斗都很烫。

此外，摩擦、撞击和压缩空气，也都会发热；食物经过消化，燃料经过燃烧，以及原子核的破裂，也都是热的来源。

在日常生活中，我们时刻都可以发现，热不停地在奔走旅行。从太阳怀里跑到地球身上，这是它的一次长征；从火炉里跑到房间的每一个角落，从开水锅底跑到水面，这是它短距离的赛跑。

热是怎样在旅行的呢？经过科学家的分析，热的旅行有三种途径，这就是说，有三种方法可以传热。

第一种方法叫作接触传热。

如果你用手来摸烧红的铁板，你就会大声叫"烫"；如果你光着脚在太阳晒热的水泥地上走动，你就会觉得脚底非常热。这些都是接触传热的表现。

如果你拿一瓶热水放在冰块上冰，这一瓶热水很快就变冷了，变成冰水了，这也是接触传热的一个例子——热水接触冰块而失去它的热。

在接触传热中，热的旅行，都是从热的物体身上跑到冷的物体身上去的，一直到这两种物体之间的温度相等为止。

不论固体、液体和气体，都能接触传热，而以固体传热显得最为便当。

在固体的行列中，金属的传热最快，是最好的导热体；木头、布、橡皮、纸都不善于传热，都是阻热体，而非导热体。所以炉子和锅子的手柄，都是用木头或橡皮做成的。

不流动的空气也不善于传热，因而在建造房屋的时候，为了御寒和防热，常用两层玻璃窗。

第二种传热的方法，是流动传热。水的流动和空气的流动都可以传热。

把水放在玻璃器皿里加热烧开，我们就会观察到热水上升，冷水下降。这就是水流动传热的表现。

空气动荡而成风，不论大风或是微风，都是热空气和冷空气对流的结果。这就是空气流动传热的表现。

一般现代化的房屋，都开辟有上下两个窗口，以流通空气，让热空气从上面的窗口奔出去，让新鲜的冷空气从下面的窗口流进来。

但是，在人口众多的房间里，例如电影院和大礼堂，这样的装置还不够用，就必须有通风设备，用电扇来鼓动空气，使它尽量地流通。

第三种传热的方法，就是辐射传热（这就是说：向周围放射热气）。每一种发热体，都不断地向四面八方放射出它的热。辐射传热，是不依靠实物的，就是在真空中也能进行。太阳的热和光以及其他各种辐射都一直不停地穿过15000万千米的真空区域，才到达地球的表面，费时不过8分钟。它除了把热传给地球和它所遇到的别的东西以外，并不把任何一点热留给真空。

　　火也是一种发热体，它也是向<u>四面八方</u>放射它的热的。【✗ **成语：写出了火这种发热体向四周散发热的特点，词语贴切又简单易懂。**】所以在灭火工作中，救火队员不得不戴上面具和披上保护衣，以避免火焰热气的威胁。

　　这些都是热的旅行的秘密。当人们掌握了这些秘密之后，在御寒和防热的斗争中，就能取得不断的胜利。

● 写一写，练一练

1. 填空。

　　热的三种传导方式分别是：（　　　）、（　　　）、（　　　）。

2. 判断。

　　木头、布、橡皮、纸都不善传热，属于阻热体。（　　　）

CHAPTER

温度和温度计

一种东西，无论是固体、液体和气体，一般说来，遇到热就会膨胀，遇到冷就会收缩，这道理是大家都明白的。

温度计的制造，就是利用这个道理。

温度计又叫作"寒暑表"，它是测量热和冷的工具。

温度是什么呢？它不是一种能，而是热和冷的计算；它不是计算一种东西所含的热量，而是计算热和冷的程度。比如，一块砖和半块砖的温度是相等的，而一块砖所含的热量比半块砖所含的热量多出一倍。

冰的温度，要算是很低的了，但是它也含有一定的热量，不过它的热量是微不足道的。

人们对于热和冷的感觉是相对的，如果你把手泡在热水里，再泡在温水里，你就会感觉到温水是冷的。如果你把手泡在冰水里，再泡在温水里，你就会感觉到温水是热的。【✎对比：通过对比，体现出人对冷热感觉的相对性，使读者更容易理解。】手不是温度计，它不能正确地测验水的温度。

普通的温度计都是用水银或酒精制造的。制造的方法是拿一根一头吹成小泡泡的玻璃管，把水银或酒精装在这小泡泡里，加热让水银或酒精上升，赶走玻璃管里的空气，封闭管口，等到冷却，水银或酒精就要下降，留下真空。然后再划分度数，温度计就制造成功了。

一般说来，水银是不适合于测验冰点以下的温度的，因为它比较容易凝结，所以要测验冰点以下的温度，用酒精温度计较为合适。

相反，酒精是不适合于测验沸点以上的温度的，因为酒精比较容易煮沸，所以要测验沸点以上的温度，用水银温度计较为合适。

怎样划分度数呢？最常用的划分度数的方法是华氏和摄氏两种。

把温度计的下半截浸在冰水里，让水银下降到不能再下降的地方，画一道线，这就是冰点。这在华氏是零上32度，在摄氏是0度。再把温度计的下半截浸在沸水里，让水银上升到不能再上升的地方，画一道线，这就是沸点。这在华氏是212度，在摄氏是100度。在冰点和沸点之间，再划分度数。华氏把这个距离分作180度，摄氏把这个距离分作100度。

因为玻璃管容易破碎，所以在工业上所用的温度计都用金属来代替玻璃，尤其是在测验高温的时候。

南极探险家所遭遇到的温度，应当是很冷的了，但还有比这更冷的温度。最冷的温度是绝对零度，这在华氏是零下459.67度，在摄氏是零下273.15度。但是一直到现在，科学家的测验还不能达到绝对零度，只能达到比绝对零度还高一点点。

那么在绝对零度之下，物质是什么样的情况呢？还没有人做过肯定的回答。有的人说：在绝对零度之下，生命是不会存在的，就是最坚固的钢，也要变成碎粉，所有的电流，都可以在电线上毫无阻碍地通过。也有人说：在绝对零度之下，任何物质也不存在，只有真正的空间。

绝对零度的研究，对工业的发展是有极大的帮助的，它将为未来的科学开辟广阔的道路。

●写一写，练一练

1. 判断。

半块砖和一整块砖的温度是不同的，所含热量是相同的。（　　　）

2. 选择。

水银温度计适合测量（　　　），酒精温度计适合测量（　　　）。

A. 沸点以上的高温　　　B. 冰点以下的温度

CHAPTER

从历史的窗口看技术革命

距今70万～23万年，我们的祖先北京猿人就开始用火了。不过，他们用的还是野火。

火的发明，是人类征服自然的开端。火不但给黑夜带来了光明，给寒冷带来了温暖，人们还利用它来驱赶野兽，把生肉烤成熟肉吃。

这时候，人们还制造了一些粗笨的劳动工具，如石刀、石斧等。

这是石器时代。

这之后，人们学会了钻木取火，又逐渐学会了烧制陶器、冶炼金属。

于是就有了陶器、铜器和铁器的出现。

这些石器、铜器和铁器都是极简单的劳动工具，他们要靠双手的力气来和自然做斗争，如打猎、打铁、耕田、锄地、搬东西等。

这还谈不上什么技术。

人们不能满足于只靠一双手使用工具和自然斗争。在寻找劳动助手的时候，人们首先利用了畜力。在二千五六百年前，我国历史上所说的春秋时代，就使用马拉车、牛拉铁犁耕田了。

后来又渐渐学会了利用水力和风力。

在一千六七百年前，我国历史上所说的东汉末年，就发明了水力机和风力机。当时东方的古国如埃及等，也有了这些东西。水力机和风力机都能带动别的工具和机器工作。

这是技术的萌芽时代。

1000多年前，水力机和风力机从东方传到了欧洲，大受欧洲人的欢迎。他们逐步地加以改良。到了18世纪，英国人和俄国人都能制造相当精巧的水力

春秋时代，古人用牛拉犁耕田

机，并且用它们来转动工厂里的机器。

后来，工业技术继续发展，机器的花样越来越多，不能光靠水力和风力来发动了。

于是就有人想起了利用蒸汽。蒸汽的力量非常强大，一锅水沸腾起来，若全部变成水蒸气，可以变成1600锅。

假如把一锅水关闭在一个密封的器具里，让它变成水蒸气，通过导管进入汽缸，就会冲动汽缸里的活塞，使它来回移动，这样就能带动各种机器工作。

这就是蒸汽机。英国发明家瓦特于1765年对当时已出现的原始蒸汽机做了重大改进。在他以前，曾有许多发明家对于蒸汽机的构造都有过贡献。

俄国的发明家波尔祖诺夫，就在1765年制成第一架完全可以适用于工厂生产的蒸汽机，可是，没有引起沙皇政府的重视，不幸被埋没了。

蒸汽机的发明，是大生产时代的开始。从此，工厂<u>林立</u>，铁路<u>纵横</u>，

【✿动词："林立""纵横"两个词语生动形象地写出了蒸汽机的出现对世界面貌的巨大改变，突出了蒸汽机的巨大贡献。】世界面貌为之一新。

但是呀，蒸汽机的锅炉又大又笨重，有些地方用起来很不方便。

于是又有人在想：能不能把燃料直接放在汽缸里燃烧呢？

他们看到炮弹躺在大炮的胸膛里，点起引线，就会爆炸发射出去，飞得很远很远。他们就得到了启发。为什么不能把汽缸当作大炮，拿活塞代替炮弹？

于是就发明了内燃机。内燃机不用笨重的煤炭做燃料，而是用煤气或是汽油和柴油所挥发出来的气体。

随着内燃机的发明，汽车、飞机、坦克车和拖拉机等也都创造出来了。

内燃机对于人类的贡献不算小。<u>从前用旧式犁需要耕一天的地，现在用拖拉机几分钟就耕好了；从前步行需要10天左右的路程，现在乘飞机个把钟头就可以飞到了。</u>【✿对比：把旧式犁和拖拉机耕种同样的地所需的时间进行对比，把同样的路程步行所需的时间和飞机所需的时间进行对比，使各自的特征更加鲜明，更突出了内燃机给人类生活带来的巨大变化。】

轮船、火车、汽车、坦克车、拖拉机、飞机等都得用钢铁来制造，所以人们又把我们现在所处的这个时代叫作"钢的时代"。

电和火一样，早就引起人们的注意了。直到16世纪，人们对于电的现象，才开始有了正确的认识。

18世纪，科学家发明了避雷针之后，人们就积极想办法用人工的方法制造电。

有许多科学家，如意大利的伽伐尼和伏打、俄国的彼得罗夫、法国的安培等，他们对于电流的研究都有不少贡献。而以英国的一个铁匠的儿子叫作法拉第，为研究电流最有成绩的一人，他在1831年，发明了电动机和发电机。

电动机能转动机器，发电机能发出电流。于是电报、电话、电灯、电车等都相继发明出来了。现在许多地方都有发电站，人们利用火力、水力、风力和其他一切自然力都可以发电。这比内燃机更方便得多了。

19世纪末，人们又发明了无线电。人们利用无线电波通过空间来传播声音和影像，来远距离控制和操纵机器。

于是无线电报、无线电话、无线电广播、电视和雷达等都陆续出现了。世界科学技术又迈进了一大步。

30多年前，人类又掌握了一种新的巨大的自然力量——原子能，这是原子核裂变的时候所放出的大量的能。它比火力要强大100万倍到1000万倍。一千克铀块所放出来的原子能就等于烧掉二三千吨煤。

如果把原子能用到工农业生产和交通运输上，一定会引起技术上更大的革命。这在苏联已经由幻想变成事实了。这样，从石器、铜器、铁器到钢，从手工具、半机械化、机械化到自动化，从火的发明到蒸汽机、内燃机、电动机和原子能的出现，技术的发展走过一段漫长的路程，但是人类终于依靠自己的劳动，逐步地提高了物质和文化生活的水平。

最近，人类人造地球卫星发射成功，是人类和自然斗争的又一次空前伟大的胜利。科学技术越来越发达，人类的前途越来越光明。

写一写，练一练

1. 填空。

英国发明家（　　　）于1765年对当时已出现的原始蒸汽机做了重大改进。

2. 选择。

一千克铀块释放的原子能就等于烧（　　　）吨煤的能量。

A. 二三百　　　B. 二三千

CHAPTER

衣料会议

衣服是人体的保护者。人类的祖先，在穴居野外的时候，就懂得这个意义了。他们把骨头磨成针，拿缝好的兽皮来遮盖身体，这就是衣服的起源。

有了衣服，人体就不会受到灰尘、垃圾和细菌的污染而得传染病；有了衣服，外伤的危害也会减轻。衣服还帮助人体同天气做不屈不挠的斗争：它能调节体温，抵抗严寒和酷暑的进攻。在冰雪的冬天，它能防止体热发散，在炎热的夏天，它又能挡住那吓人的太阳辐射。

制造衣服的原料叫作衣料。衣料有各种各样的代表，它们的家庭出身和个人成分都不一样。今天，它们都聚集起来开会，让我们来认识认识它们吧！

棉花、苎麻和亚麻生长在田地里，它们的成分都是碳水化合物。

棉花曾被称作"白色的金子"，它是衣料中的积极分子。<u>从古时候起它就勤勤恳恳为人类服务。</u>【❀拟人：把棉花比拟成人，赋予它勤勤恳恳的性格特征，说明棉花对人类的巨大贡献，语言生动、有趣。】人们学会了编织筐子和席子以后不久，也就学会了用棉花来纺纱织布了。

从手工业到机械化大生产的时代，棉花的子孙们一直都在繁忙紧张地工作着。从机器到机器，从车间到车间，它们到处飘舞着。它们来到缝纫机之前，还得到印染工厂去游历一番，然后受到广大人民的热烈欢迎。

苎麻和亚麻也是制造衣服的能手，它们曾被称作"夏天的纤维"。它们的纤维非常强韧有力，遇水也不容易腐烂，耐摩擦，散热快。它们的用途很广，能织各种高级细布，用作衣料既柔软爽身又经久耐穿。

羊毛和皮革都是以牧场为家，它们的成分都是蛋白质。

羊毛是衣料中又轻又软、经久耐用的保暖家，是制造呢料的能手。它之所以能保暖，是因为在它的结构中有空隙，可以把空气拘留起来。【☆动词："拘留"富有拟人色彩，生动、贴切地写出了羊毛这种衣料的独特性。】不流动的空气原是热的不良导体，可以使内热不易发散，外寒不易侵入。

人们驯服了绵羊以后，就逐渐学会了取毛的技术。

皮革不是衣料中的正式代表，因为它不能通风，又不大能吸收水分，不能做普通衣服用。可是在衣服的家属里，有许多成员，如皮帽、皮大衣、皮背心、皮鞋等都是用它来制造的，它还经营着许多副业，如皮带、皮包、皮箱等。皮子要经过浸湿、去毛、鞣制、染色等手续，才能变成真正有用的皮革。

像皮革一样，漆布、油布、橡皮布也不是正式代表，它们却有一些特别用途，那就是制造雨衣、雨帽和雨伞。

蚕丝是衣料中的漂亮人物，也是纤维中的杰出人才，它曾被称作"纤维皇后"。它来自养蚕之家，它的个人成分也是蛋白质。蚕吃饱了桑叶，发育长大后，就从下唇的小孔里吐出一种黏液，见了空气，黏液便结成美丽的丝。蚕丝在自然界中是最细最长的纤维之一，富有光泽，非常坚韧而又柔软，也能吸收水分。

利用蚕丝，首先应当归功于我们伟大祖先黄帝的妻子——嫘祖。这是4500多年前的事。她教会了妇女们养蚕抽丝的技术，她们用蚕丝织成绸子。其实，有关嫘祖的故事只是一个美丽的传说。真正发明织绸的，是我国古代的劳动人民。随着劳动人民在这方面的经验和成就的不断积累提高，蚕丝事业在我国发达起来。我国的丝绸很早就开始出口了，西汉以后成了主要的出口物资之一，给祖国带来了很大的荣誉。

在现代人民的生活里，人们对衣服的要求是多种多样的，而且还要物美价廉，一般的丝织品和毛织品还不能达到这样的要求，人们正在为寻找更经济、更美观的新衣料而努力着。

近年来，在市场上，出现了各种人造丝、人造棉、人造皮革和人造羊毛，这些都是衣料会议中的特邀代表。

人造丝来自森林；人造棉来自木材和野生纤维；人造皮革和人造羊毛来自石油城。

衣料会议中，有一位最年轻的代表，它的名字叫作无纺布，它来自化学工

螺祖和妇女们在一起养蚕、抽丝

厂。这是世界纺织工业中带有革命性的最新成就。这种布做成衣服能使我们感到更轻便，更舒服，更保暖防热，更丰富多彩，也更经济。

无纺布还被称作"不织的布"，可以用两种方法来生产。第一种是缝合法，把棉、毛、麻、丝等纺织用的原料梳成纤维网，经过反复折叠变成絮层，然后再缝合成布。第二种是黏合法，把纤维网变成絮层，再用橡胶液喷在絮层上制成布。

无纺布是第二次世界大战后的新产品，因为它能利用低级原料，产量高而成本低，还能制造一般纺织工业目前不能制造的品种，所以世界各国都很重视它的发展，它的新品种在不断地出现。

衣料代表真是<u>济济一堂</u>。【成语："济济一堂"一词把衣料比拟成人，形容很多用途各异的衣料聚集起来的样子，词语生动、有趣。】

在闭幕那一天，它们通过了两项决议。

它们号召：衣服不要做得太紧，也不要做得太宽。衣服太紧了会压迫身体内部的器官，妨碍肠管的蠕动和血液流通；太宽了妨碍动作而且不能起保暖的作用。

它们呼吁：衣服要勤换洗，要经常拿出来晒晒太阳，以免细菌繁殖；在收藏起来的时候，还得加些樟脑片或卫生球，预防蛀虫侵蚀。保护衣服就是保护自己的身体。

● 写一写，练一练

1. 填空。

生长于田地的棉花、苎麻和亚麻的成分都是（　　　）。

2. 选择。

无纺布有哪些方法可以生产（　　　）。

A. 缝合法　　　　B. 黏合法

CHAPTER

谈寿命

地球上的生命活动，远在数亿年以前就开始了。最初的生命，以蛋白质分子的身份出现在原始的海洋里。

往后，越来越多的原始生物，包括细菌、藻类和以变形虫为首的单细胞动物集团，一批又一批地登上生命的舞台。【❀比喻：把各种生命的出现比作登上生命的舞台，生动形象地表明了每种生物的生命历程都很精彩，体现了一种不断进化的过程。】

这些原始生物，都是用分裂的方法来繁殖自己的后代的。一个母细胞变成两个子细胞之后，母体的生命就结束了。所以它们的寿命都极短暂，只能以天或小时来计算，最短的只有15分钟。

当单细胞动物进化到多细胞动物，寿命也就延长了。

例如大家所熟悉的蚯蚓，就能活到10年之久。印度洋中有一种大贝壳，重300千克，被称作"软体动物之王"，在无脊椎动物世界里，它创造了最高的寿命纪录，能活到100岁。

一般说来，昆虫的寿命都很短促。成群结队飞游在河面湖面的蜉蝣，就是以短命而著名的，它们的成虫只活几小时，可是它们的幼虫却能在水中活上几年。

蜻蜓的寿命只有一两个月，它们的幼虫能活上一年左右；蝉的寿命只有几个星期，而它们的幼虫有的竟能在土里度过17年的光阴。【❀对比：通过蜻蜓的幼虫和成虫以及蝉的幼虫和成虫存活时间长短的对比，写出了昆虫成虫的寿命都很短暂的特点。】

鱼类的寿命就长得多了。人们在福州鼓山涌泉寺放生池里所见到的大鲤鱼，据说都是100年以上的动物；杭州西湖玉泉培养的金鱼，也都是30岁以上的年纪的了。

在长寿动物的行列中，乌龟的寿命要算最长的了。英国伦敦动物园里保存着一只巨大的乌龟，也许现在还活着，它的年纪已经超过300岁了。听说非洲的鳄鱼，也能达到这样的高龄。

达到100岁以上的动物，还有苍鹰、天鹅、象以及其他少数罕见的动物；一般猛禽野兽和家禽家畜之类，它们的寿命都在10岁到五六十岁之间。

在一般的情况下，它们都不能尽其天年，或者为了满足人类营养的需要而被宰吃，或者因为年老力衰得不到食物而饿死，也有的因气候突变或传染病而死。

至于人类的平均寿命，欧洲在黑暗的中世纪，只有20到30岁，这连许多高等动物的平均寿命还不如。

文艺复兴以后，这个统计数字在不断地增长着。现在有一些国家，人的平均寿命已经达到70多岁的标准，这个标准比一般动物的寿命都要高。现在百岁以上的健康老人也常有所闻。

在我们现代社会，对于人的关怀，是从他诞生前就开始的，因而婴儿的死亡率明显下降，各种保健制度都已建立起来。政府又大力提倡体育运动，以增强人民的体质。这一切，对于延长人们的平均寿命，都具有深远的影响。

随着医学的进步，爱国卫生运动的发展，危害人类的传染病逐渐消失，就是那可怕的癌症的防治工作也有了不少进展。

近年来，科学家对于征服衰老所做的斗争，起了鼓舞人的作用。许多新方法给我们带来了新的希望。150岁还不是人类寿命的极限。这句话，不能说是过分乐观的估计吧！

写一写，练一练

1. 填空。

人类的平均寿命，在中世纪的欧洲只有（　　　）岁。

2. 判断。

除了人类以外，没有其他生物能活到100岁以上。（　　　）

CHAPTER

未来的旅行

我很荣幸地收到《环球旅行》杂志总编的来信，为了庆祝这个刊物诞生100周年，总编要我写一篇文章来纪念它。

旅行对于每一个人来说，都是一件愉快而有意义的事情。你到的地方越多，见闻越广，知识增加得越快，对世界的认识也更全面。国际的旅行访问，有助于促进经济和文化的交流，并且在旅行者的心里产生一种国际友谊感，这种感情，显然是国际友好合作的基础。这些都是旅行的好处。

但是，你的旅行计划不能单靠徒步来完成，必须掌握住一定的交通工具。要想到远方去旅行，只有依靠现代化的交通工具，从火车、轮船到汽车、飞机才办得到。社会的发展使越来越多的人有享受旅行的权利。

随着时代的进步，人民的生活水平不断提高，工作时间缩短，每年又有一定的假期，人人都想去旅行，旅行就不是几人、几十人、几百人的事情，而是几亿人的事，几亿人都想行动起来，这就不简单。首先，必须简化旅行的手续，让几亿人都预先来登记，说出自己的旅行目的和愿望。其次，要组织起来，有计划地集体去旅行。

再过100年，也许现在的火车、轮船、汽车和飞机，都要退出历史舞台，被送进古物陈列馆了。那时，地球上将出现各种类型的新的交通工具，其中最引人注目的就是水、陆、空和海底四用的原子飞船。这是一种大型交通工具，可以容纳得下几百人到几千人。它能以每小时几千千米的速度在二三十千米以外的高空飞行。在陆地上它能沿着公路前进，也能在海洋上乘风破浪，又能变成潜艇在海底活动。这种新型交通工具，是由原子发动机来开动的。

原子发动机不用汽油和别的燃料，而只用几千克的铀就可以了，同时对于放射性的危害防护得非常周密。

这种原子飞船有精密的无线电装置，可以用无线电来导航，它的一切机器都由电子计算机来管理。全部机器的零件都是用特种塑料制成的，既轻便又坚固耐用。这种飞船都装有感光的仪器，遇到面前有障碍物的时候，都会自动地更换方向或自动刹车。

它又有调节空气的自动设备，在任何恶劣的环境里，使温度、湿度、气压和氧气的供应都适合人体的需要。你坐在里面，夏天觉得非常凉爽，冬天觉得非常温暖。在每一个座位上，你又发现有一架可视电话，你可以同你远方的亲友面对面地谈话。它又有一种陀螺仪器控制的装置，能自动消灭摇晃，使旅客免除晕船的痛苦。这样，就使旅客们产生一种安全感。

为了旅客的便利，世界各大城市都建立了万人大旅馆和万人大食堂，它们的设备都是自动化的。在各古迹名胜，游览胜地，也都设有旅行者之家，接待旅客的工作都做得非常周到。

虽然有了这些良好的工具和设备，但它们还不能满足旅行者的要求。21世纪60年代的人们对于旅行的兴趣，已经越出了地球范围。那时候，宇宙航行事业进行得非常紧张热烈，【✍ 形容词："紧张""热烈"这两个形容词连用，准确地写出了宇宙航行事业竞争激烈的状态，给人以无限向往之情。】世界各地都有星际旅行服务站。地球和月球，地球和金星，地球和火星之间，已经开始定期通航；还有不少光子火箭已经发射出太阳系，到更遥远的星星世界探险。月球、金星和火星上正在大搞基本建设，准备迎接一批又一批新来的客人。

到了30世纪，人类的交通网将遍布宇宙空间，那时候，我想《环球旅行》杂志也要改名为《宇宙旅行》杂志了。

● 写一写，练一练

1. 填空。

原子飞船上装有用来导航的精密的（　　　），由电子计算机管理它的一切机器。

2. 判断。

原子发动机不用汽油和别的燃料，只用几千克的铀就可以了。它没有辐射性。（　　　）

CHAPTER

大海的宝藏

滨海的居民对于海是熟悉的。人们一见大海，就会觉得海阔天空，一望无际，为之心旷神怡。大海有许多显著的特点，蕴藏着无限的资源。大海与大陆上的自然条件、人类生活和工农业生产，都具有密切的关系。我国东南二面临海，大海的宝藏是亟须引起我们注意和研究的。

风云的诞生地

大海是风和云的诞生地。北方的寒流和南方的热浪，经常在它的上空进行搏斗，这就是风的成因；白天它受到阳光的亲吻，【⚡**动词：准确地写出了阳光对大海的普照，语言生动形象，充满趣味，并带有浓厚的拟人色彩。**】把水分蒸发到空中去，遇冷而凝结，这就是云的来历。这样一年四季大海担负着调节气候的工作：它缓和了大陆气候的急剧变化，它调节了地球大气的温度，使人类和动植物得到有利于生活的自然条件。

元素的归宿

大海是地球上各种元素的归宿。科学家分析海水的结果告诉我们：海水里至少含有58种元素，占地球所有元素的一半以上。这些元素有一部分是随着河流不远万里而来的。它们有的以无机盐的身份散居在水里；有的逐渐下降成为海底沉积物，如石灰质和硅酸盐类。在沉积物的下面，海底还蕴藏着多种多样的矿产资源，如石油和天然气等。有人估计，世界上的石油约有一半是埋藏在海底的，这是一种极其丰富的自然宝藏，它的开发将给人类生活和生产带来巨大的福利和好处。大家知道，人们可以从海水里取得日常生活所需要的食盐。除了食盐之外，还可以取得各种各样的化工原料、农业肥料、建筑材料和冶金工业用的耐火材料以及锰、镁、钠、钾、钙等各种金属和尖端技术所需要的各种稀有的贵重物质，如铀、钍、锂、锶、重水、重氢等。

生命的摇篮

大海是生命的摇篮。它包含着生命所需要的各种营养物质，又有着生命所必需的生活条件，因此，几乎从每一滴海水里都能找到生物。这些生物，有的漂浮在水面，有的栖息在海底，有的在水中游泳。【 **排比**：这里用排比的手法将生物在海水里的状态列举了出来，一气呵成。】和陆地比较，海洋中植物种类较少，而动物种类较多。以鱼类为首的脊椎动物和其他动物界代表，如虾、蟹、贝、墨鱼、海星、海蜇、海绵等以及著名的藻类植物海带等，都是以海为家的，在海里生息。这些形形色色的生物，除了供应人类的食品以外，还可以做药品、工艺品、装饰品、香料、饲料和肥料。

动力的故乡

大海是动力的故乡。海洋的水是在永恒的运动中的。海浪的冲击，潮汐的涨落，强大的风力，海面和海底间的温差，都可以转变成为电能；海水里的重氢和钍、铀等物质，海底的石油和天然气也都是非常重要的动力资源。

此外，人们还利用海水的浮力和海水变为淡水的新技术，来解决航运问题和用水问题，使海洋更好地为人类服务。

陆地的开发久已领先，海洋的开发不免有落后之感，未来可做的事情还多着呢！

写一写，练一练

选择。

下列能转变成电能的是（　　　）。

A.强大的风力　　　　B.潮汐的涨落

CHAPTER

大力宣传戒烟

吸烟可能是世界上损害健康的一个最大的因素，估计得保守一点，每年至少有100万人死于吸烟。

烟，几乎成了世界抨击的对象，【❀**动词**："抨击"一词充分体现了人们对吸烟危害性的认识以及对烟的痛恨，突出了人们宣传戒烟的决心，用词准确，有力度。】戒烟宣传风行全球。烟危害之烈，是烟中的尼古丁被血液吸收而引起的。

尼古丁进入血液之后，人就会生种种病，如肺癌、动脉硬化、心脏病、气管炎等。尼古丁对身体的毒性作用是很大的。

烟中的尼古丁能够溶解在酒精里，所以对边饮酒边吸烟的人而言，尼古丁就会很快地进入他们的血液。

吸入人体的尼古丁是在肝脏解毒的，而酒精却直接破坏肝脏的解毒功能。

过滤嘴烟实际上只是一种减毒纸烟。吸过滤嘴烟，可使吸烟人受害小些、慢些，但并非无害。

过滤嘴虽能过滤一部分毒素，但是过滤嘴会使烟燃烧不充分。吸过滤嘴烟的人血液中一氧化碳含量比吸普通烟者要高20%。因此，加过滤嘴并没有解决根本问题。

大量的资料充分地说明了，吸烟不仅对自己有害，而且烟雾弥漫，影响周围不吸烟的人。更为严重的是，妇女吸烟还危害胎儿正常的生长发育和影响儿童的身心健康。

那么，怎样才能有效地戒烟呢？

经常吸烟的人因为肺受到侵害，肺部到处都是窟窿

主要应当依靠吸烟者的决心和毅力。有的人指出：服用小苏打有助于戒烟，还有各种戒烟糖和药方。总之，戒烟是有办法的，也是能够戒掉的。

我希望广大的医务工作者都要像今天的医学专家们一样，身体力行，

【成语：写出了宣传戒烟只有亲身体验、努力实行才能取得显著成效，同时给人以警示和提醒。】在本地区内，采取各种不同形式，指出吸烟的害处，积极创作这方面的科普作品。同时，我们的医务工作者更要身教重于言教，在宣传吸烟有害与戒烟时，起模范带头作用。同志们：让我们共同努力，摒弃吸烟这个不良嗜好，身体健康、精力充沛地为实现四个现代化做出贡献，为祖国争光添彩，为民族扬眉吐气吧！

● 写一写，练一练

1. 判断。

吸过滤嘴烟就不会受尼古丁的侵害。（　　　）

2. 戒烟的有效方法是（　　　）。

　　A. 服用小苏打　　　B. 靠吸烟者的决心和毅力　　　C. 吃戒烟糖

CHAPTER
笑

随着现代医学的发展，我们对于笑的认识，更加深刻了。

笑，是心情愉快的表现，对于健康是有益的。笑，是一种复杂的神经反射作用，当外界的一种笑料变成信号，通过感官传入大脑皮层，大脑皮层接到信号，就会立刻指挥肌肉或一部分肌肉动作起来。

小则嫣然一笑、笑容可掬，这不过是一种轻微的肌肉动作。一般的微笑，就是这样。

大则是爽朗的笑、放声的笑，不仅脸部肌肉动作，就是发声器官也动作起来。捧腹大笑，手舞足蹈，甚至全身肌肉、骨骼都动员起来了。

笑在胸腔，能扩张胸肌，肺部加强了运动，使人呼吸正常。

笑在肚子里，腹肌收缩了而又张开，及时产生胃液，帮助消化，增进食欲，促进人体的新陈代谢。

笑在心脏，血管的肌肉加强了运动，使血液循环加强，淋巴循环加快，使人面色红润，神采奕奕。

笑在全身，全身肌肉都动作起来。兴奋之余，使人睡眠充足，精神饱满。

笑，也是一种运动，不断地变化发展。笑的声音有大有小；有远有近；有高有低；有粗有细；有速有慢；有真有假；有聪明的，有笨拙的；有柔和的，有粗暴的；有爽朗的，有娇嫩的；有现实的，有浪漫的；有冰冷的，有热情的；如此等等，不一而足。这是笑的辩证法。【☞列举：依次展示了笑的千变万化、千姿百态，在读者面前形成一种笑的具体画面，同时让语言充满气势。】

笑有笑的哲学。

笑的本质，是精神愉快。

笑的现象，是让笑容、笑声伴随着你的生活。

笑的形式，多种多样，千姿百态，无时不有，无处不有。

笑的内容，丰富多彩，包括人的一生。

笑话、笑料的题材，比比皆是，可以汇编成专集。

笑有笑的医学。笑能治病。神经衰弱的人，要多笑。

笑可以消除肌肉过分紧张的状况，防止疼痛。

笑也有一个限度，适可而止，有高血压和患有心肌梗塞的病人，不宜大笑。

笑有笑的心理学。各行各业的人，对于笑都有他们自己的看法，都有他们的心理特点。售货员对顾客一笑，这笑是有礼貌的笑，使顾客感到温暖。

笑有笑的政治学。做政治思想工作的人，非有笑容不可，不能板着面孔。

笑有笑的教育学。孔子说："学而时习之，不亦说乎！"这是孔子勉励他的门生们要勤奋学习。读书是一件快乐的事。我们在学校里，常常听到读书声，夹着笑声。

笑有笑的艺术。演员的笑，笑得那样惬意，那样开心，所以，人们在看喜剧、滑稽戏和马戏等表演时，剧场里总是笑声不断。

笑有笑的文学，相声就是笑的文学。

笑有笑的诗歌。在春节期间，《人民日报》发表了有笑的诗。其内容是："当你撕下1981年的第一张日历，你笑了，笑了，笑得这样甜蜜，是坚信：青春的树越长越葱茏？是祝愿：生命的花愈开愈艳丽？嗬！在祖国新年建设的宏图中，你的笑一定是浓浓的春色一笔……"【⚲引用：这里引用了《人民日报》里的诗来说明笑是可以用来作诗的，增强了文章的文学性。】

笑，你是嘴边一朵花，在颈上花苑里开放。

你是脸上一朵云，在眉宇双目间飞翔。

你是美的姐妹，艺术家的娇儿。

你是爱的伴侣，生活有了爱情，你笑得更甜。

笑，你是治病的良方，健康的朋友。

你是一种动力，推动工作与生产前进。

笑是一种个人的创造，也是一种集体生活感情融洽的表现。

笑是一件大好事，笑是建设社会主义精神文明的一个方面。

让全人类都有笑意、笑容和笑声，把悲惨的世界变成欢乐的海洋。

● 写一写，练一练

1. 判断。

笑，不管何种类型，也不管是对什么样的人，都是有利的。（　　　）

2. 填空。

当外界的笑的信号被大脑皮层接收后，一部分肌肉就会动起来，这样就产生了笑，因此，笑可称得上是一种复杂的（　　　）作用。

CHAPTER

梦幻小说

梦是生活中的一部分，人人都有梦，人人都在做梦，梦的资料浩瀚如烟海。想想看，全世界有多少人？大约有40亿人吧。这么多的人，每天夜里都做梦，该有多少梦的故事呀！全部世界史，有多少人？总有几万兆人吧。这真像头发丝一样，像夜空的繁星一样，数也数不清。【🖋比喻：把人比作头发丝和繁星，生动形象地写出了人的数量之多，让抽象的数字变得可以想象。】这么多的人，他们的一生几乎每夜都有梦，该有多少梦的史诗呀！这样多的梦，简直要用电子计算机来计算。

梦和幻想是一家，它们的祖宅在大脑皮层。

在大脑皮层，有数不清的神经细胞，它们都是梦的住所，传达梦的信息，演出梦的传奇。在梦的大家庭里，有记忆、回忆、思想、想象、幻想和虚构。梦首先是记忆的宠儿，没有记忆，就没有梦的存在，即使虚构的梦，也有记忆的基础。

人体器官是梦的办公室，视觉、听觉、嗅觉、触觉和味觉等感官，都是梦的会客室。

梦能看见东西，梦能辨别各种颜色，梦能听见声音，梦能嗅到花香，梦能辨别各种香味。

梦能辨别味道。有时睡眠中，闻到食物的香味，便会做起赴宴的美梦。

【🌀拟人：用拟人化的手法写出了梦的神奇，给人以想象的空间。】

五脏知梦。肺是梦的窗户，煤气中毒，梦也有预感。胃肠是梦的灶披间（灶披间，方言，即厨房），胃肠出了乱子，细菌盗匪钻进灶披间，肚子泻的事就发生了。梦有先兆。心脏像大海，血液如流水，高血压，冠心病，梦都能探听出来。

最近，我看了《参考消息》上一篇关于苏联的报道。苏联一医学博士卡萨特金，积累了23700个梦的资料，经过分析得出结论：睡眠中的人的大脑，能够预知正在酝酿的某种病变，而那种疾病往往在几天、几个星期、几个月，甚至几年以后显示其外部症候。做梦能在某种疾病的外部症候尚不明显的时候，就预先告诉人们这种正在酝酿着的病变而及早发现疾病，防患于未然。

视觉神经，对于来自人体内部的微弱刺激，也很灵敏。任何一个器官或组织的功能失调，它就发出信号，传达到睡眠中的大脑皮层，视觉神经中枢就把这种信息变成形象，引起梦幻。一般地说，这种刺激，往往会幻化成某种我们平时非常熟悉的事物。

卡萨特金的理论，应用范围很广，它不仅可以用作门诊大夫的一个重要参考，而且在刑事案件的审理方面，也得到了应用，取得了良好的结果。

梦有时是短暂的，有时是连续的，有时一瞬即逝，有时是长期的。短暂的梦，只梦一人一事一物，如梦见你的爱人、你的朋友、你的长辈；如梦读书、梦写作、梦结婚；如梦你的玩具、你的红领巾、你的珍贵的礼品。

连续的梦，今天做了这个梦，明天又重演一番；今天做这个梦，隔了几年又接着做；今天梦见这个人，明天又梦到他。有的梦是长期的、漫长的，有故事情节。这种梦就是我拟议中的梦幻小说。

在梦中，我能和已去世的人在一起；在梦中，我能和死者、幸存者在一起；在梦中，我能和久别的亲友在一起；在梦中，我能和遥远的朋友在一起；在梦中，我曾和毛主席、周总理、朱德总司令握手；在梦中，我愉快地和祖父母、父母、姊妹、弟弟团聚。这是梦不可多得的收获。【⚲排比：这里用排比句式，将梦的奇妙一口气列举了出来，富有气势，让人觉得梦真是奇妙无穷。】梦是永恒的。

梦中有回忆，回忆中有梦，梦是有深刻的思想和浓厚的感情的，梦是有丰富的想象力的，梦是有无限的幻想能力的。

梦追忆过去，梦着眼现在，梦憧憬未来。

梦把我带到全世界各个角落去，从白人的国家到黑人的国家，从黄人的国家到红人的国家，环绕地球一周。梦使我飞上太空、深入地底、遨游海洋，多少街道、多少房屋、多少商店、多少城市和乡村，都曾在我梦中出现，我留恋它们，我怀念它们。我现在每天都在记日记，我的日记里，都记载着我每夜所做的梦。我的日记里有梦，梦里也有日记。有的梦记不清了，有的梦忘记了，忘个精光；睡时做梦，醒时忘。日记就是梦的备忘录。

婴儿第一次做梦，就是梦要小便，结果尿炕了；幼儿的梦，梦玩具游戏；儿童的梦，梦临红画画；青春的梦，梦结婚；少女的梦，梦爱情；战士的梦，梦冲锋陷阵；工人的梦，梦机器；农民的梦，梦丰收的喜悦；科学家的梦，梦创造发明；文学家的梦，梦写作成功；诗人的梦，梦写了一首得意的诗作；音乐家的梦，梦知音；美术家的梦，梦作品展出。

在舞台上，在银幕上，在电视里，都有梦的插曲。

梦有政治的梦，如梦见国家领导人；梦有教育的梦，如梦见学校生活；梦有军事的梦，如梦见战争的情景；梦有经济的梦，如梦见商品交易所；梦有国际的梦，如梦见出国考察。

短的梦，像短篇科幻小说；长的梦，像长篇科幻小说。梦的结果，有时是正面的，醒时精神抖擞；有时是反面的，丧事变成了喜事，凶就是吉。

梦啊！你属于我，我也属于你，我不能离开你。人不能一日无梦，建设精神文明需要你。你是我们的理想与希望的源泉。

不是吗？人类曾做过多少希望的梦，梦"上九天揽月"，梦"下五洋捉鳖"。【🔎引用：通过引用毛泽东的词句来说明人类的很多梦想都已经变为了现实，也体现出梦想给人带来的无限希望，起到促进人类进步的作用。】而今的运载火箭，登月飞船，人类所开发的水底资源，不都是"科幻小说"的题材吗？

人类幻想去外星旅行。目前，各国正开创UFO的探索，还记载过有"外星密码"的来电，等等，等等，诸如此类。这不再是什么"梦幻"，而是不太遥远的明天了！

日有所思，夜有所梦。梦是第二精神，梦是社会科学中的一门学科，叫作"梦学"。梦是一种精神运动，不能离开物质、时间和空间。

人类历史上，有许多可歌可泣的梦。例如莎士比亚的喜剧《仲夏夜之梦》；例如《左传》里，梦二竖子（两个童子）而病入膏肓；例如《三国志通俗演义》中，诸葛亮的一首诗"大梦谁先觉？平生我自知"；例如《西游记》

中，孙悟空大闹天宫，就是一场梦境；例如《水浒传》中，石碑上一百零八好汉，也是从梦中得来的；例如《红楼梦》中贾宝玉梦游太虚幻境。此外，还有《榴花梦》《桃花梦》等，诸如此类，不胜枚举，恕我不多唠叨了。

写一写，练一练

1. 判断。

  所有的梦都能变为现实。（ ）

2. 填空。

  梦囊括丰富的内容，包括（ ）、（ ）和（ ）。

后 记

高士其的道路、作品与人民性

1995年第一届全国科普大会召开时，《中国青年报》发表了一篇文章，题目是《高士其的遗产》。该记者走遍了城市的大街小巷，看到了一度在20世纪70年代末期，80年代红红火火的科普创作、书籍、报刊、杂志的情况，与现今科普创作、书籍寥落的情况形成了强烈的反差和对比。而一个先进发达的国家，它的科学刊物、科普刊物与文学刊物的比例应该是五比一或六比一。这是全民科学化进程不可缺少的环节，每一个家庭，每一个人都有可能是科技专业户或科技工作者。

2002年全国人大、全国政协会上一位女委员提出了绿色科普的概念。何为"绿色科普"？她认为，社会也普遍认为"两院院士写科普，实质上是科而不普，因而应由科学家出命题、内容、框架，由文学家进行创作和加工"。实际上这个问题早在20世纪30年代高士其先生的科普创作中就已经解决。

高老把科学、文学有机地融合在一起，达到了艺术上高度和谐的统一。高士其在科普作品中用拟人化的手法、通俗易懂的语言将深奥、神秘的科学讲得农妇与孩子都能明白。所以，他创作的一系列优美流畅、脍炙人口的作品流传至今，启迪了一代又一代人走向科学的道路。

时间再回溯到1999年，《人民日报》一篇文章的标题这样写道：高士其的传人在哪里？文章提出了一个问题：为什么我们今天的时代产生不了高士其这样的科普大家？这个问题迄今未有答案，因而在高士其百年诞辰之际，我们有必要追溯一下高士其的成长道路。

一、文化、科学与哲学三位一体

那么高士其是怎样成长的呢？我们可以理解为文化的高士其、科学的高士其和哲学的高士其。

因为任何一个领域大家的成长必须是文、理、哲三者并重，如果以一棵大树来比喻的话，那么文化就是大树的树根，哲学则是大树的升华。而政治、经济、哲学、科学、教育、医学、艺术都是这棵大树上所结的果实。由此可见文化基础的重要性。

高士其在3岁时，就读了《三字经》"人之初，性本善；性相近，习相远……"，《幼学须知》"混沌初开，乾坤始奠……"，《千字文》"天地玄黄，宇宙洪荒……"，《百家姓》"赵钱孙李，周吴郑王"。此外，还有《增广贤文》等书，而做人的基本道理也尽在这些简单的经典之中了。4岁时，又读了《大学》《中庸》，一篇800字的《大学》他整整背诵了800遍，倒背如流。每逢家里来客人时，祖父就把高士其叫出来，当众背诵。高士其则摇头晃脑地、吐字清晰地背道："大学之道，在明明德、在亲民、在止于至善。"幼小的高士其虽然不懂这些古文的明确含义，但却充满了莫名的喜悦和兴奋。他隐约地感到在这些语言文字后面，是一个精神世界的大门。

随着岁月的流逝，年龄的增长，幼时所背诵的经典字义，都一一地消化、理解和吸收了。文化的原理、传承的精神、历史的使命感也随之而建立了，当然，这与那个时代中国处于半封建、半殖民地社会，备受帝国主义列强的欺压和凌辱密切相关。

高士其在小学时期，几乎阅读了所有的中国古典小说，如《封神榜》《包公案》《济公案》《儒林外史》《今古传奇》《徐霞客游记》《子不语》《薛仁贵》《三国演义》《西游记》《水浒传》《红楼梦》《西厢记》《施公案》《说岳全传》《七侠五义》，也包括一些翻译过来的西方文学，如《福尔摩斯探案集》《黑奴吁天录》等等。同时，高士其白天在福州明伦小学上学，晚上在家祖父继续教他四书五经。这些都奠定了高士其深厚的文化基础和文学造诣。

高士其六七岁时，开始接触自然科学，他的一位叔叔给他讲了细菌、病毒和微生物的知识。这使他在脑海中浮起了对微观世界的好奇与探索。在此后的明伦小学和清华留美预备学校中，高士其正式接受了自然科学的教育。在对自然科学的学习中，他全面发展而又重点突出，他热爱化学，每次做化学实验时都十分准确。因此，他怀抱化学救国的远大理想，同时，他也喜欢数学，他为数学的奇妙变化而感到入迷。他还对微小的生物世界充满了兴趣。由于兴趣广泛，爱好众多，他获得了"博物学奖章"。赴美留学后，他在自然科学方面又得到进一步的深造，这些都自不待言。

值得指出的是，高士其在清华留美预备学校读书时，还广泛涉猎西方文学。他精通英文、德文和法文。阅读了《天方夜谭》《鲁滨孙漂流记》《双城记》《莎士比亚戏剧集》《战争与和平》《安徒生童话选》《拿破仑传记》《华盛顿传记》《茶花女》《安娜·卡列尼娜》等书籍。他还特别喜欢诗歌，读了拜伦、雪莱、凯芝、华兹华斯、艾伯特·彭斯、斯诺·邦德、歌德、泰戈尔、普希金等人的诗集。高士其在美国留学期间，经常到美国国家图书馆去看书。他在回忆录中曾这样写道："在美国国家图书馆，我几乎阅遍了世界上的所有名著。"

旅欧期间，他在莱茵河畔歌德故居的小书摊上流连忘返，最终买到了一本德文版的歌德名著《浮士德》，然后满意而归。与此同时，他还喜欢艺术，热爱音乐和摄影。他参加音乐会，学习小提琴，购买了唱机和唱片，聆听贝多芬的交响乐；他携着照相机踏遍了美国的东西两岸，拍摄了许多风光旖旎的动人照片，至今还保存在他的影集中。

在美国威斯康星大学读书时，高士其上了第一堂哲学课，从而使他对哲学产生了浓厚兴趣。

归国后，30年代，他与艾思奇结为朋友，开始了对马克思哲学、自然辩证法的学习，这就奠定了他的哲学思想基础。艾思奇用哲学思想指导他的科普创作，他则用科学知识充实艾思奇的哲学框架，两者相得益彰，互为补充。1937年，高士其到达延安后，不但从事自然科学的普及工作，发起了国防科学社、边区医学座谈会、细菌学讨论会。同时，还与周扬、艾思奇、成仿吾、郭化若等人发起、组织了"新哲学会""自然辩证法座谈会"。毛泽东、张闻天、陈云、徐特立、陈唯实、范文澜、于光远等四十几位同志相继成为会员，参加座谈，研究讨论哲学与方法论。

高士其是当时我国仅有的几位微生物学家、细菌学家，因此，他带来了世界上先进的科学知识与思想。这些知识、思想对当时封锁、闭塞的延安地区来讲，仿佛打开了一扇通往现代世界的窗户，充实了延安的干部群众学习哲学、自然辩证法的科学内容。为此，毛泽东在窑洞中与他探讨了古典自然辩证法。

40年代，高士其在香港写了《自然辩证法大纲》，在香港《知识》杂志上发表了《什么是古典自然哲学》，并将这两篇文章分别寄给延安的毛泽东和重庆的周恩来。在此基础上，产生了中国第一首科学诗《天的进行曲》，这一融科学、文化、哲学于一体的著名诗篇。

综上所述，高士其在文化、科学、哲学三方面都进行了很好的学习与研究。实际上，高士其的成长及其作品是由文化所孕育的，科学所奠定的，哲学所指导的。因此，我们可以说文、理、哲三者并重，方为大家也，方为社会与民族的大家，世界与人类的大家。

二、从高士其的回忆录看他的作品由来

要走进高士其、要理解高士其，就必须阅读高士其的回忆录。高士其回忆录仿佛是一个纲，提纲挈领而纲举目张。要知道高士其的成长道路和治学方法，就必须阅读高士其回忆录。为什么要这样强调高士其回忆录的重要性呢？那是因为我们要想理解高士其的作品，他为什么要这么写？这么写的缘由与渊源在哪里？也即古人所讲的出典在哪里？在高士其的回忆录中都可以得到清晰而明确的答案。

通过回忆录，我们看到高士其不再是一个理性的概括的形象，而是还原为一个活生生的、有血有肉、有痛苦、有欢乐、有人性、有人文思想的高士其。它揭示了一个在生活和心路历程中的真实的高士其。而真实的高士其离我们更近，也更加感人。这使我们能够深切地理解到：为什么高士其能成为高士其。这样，高士其就成为一个人人都可以仿效的榜样。这包括他的思想，他的精神，他的为人和他的作品。

从高士其的回忆录中，我们可以看到高士其把他所学到的一切、看到的一切、所经历的一切，包括科学、文化、哲学、文学，乃至于民俗民风和民间艺

术都运用于他的科普创作中，都运用于他把科学交给人民的工作和事业中去。如《菌儿自传》中的"我的名称"，就是把传统文化、四书五经的内容融入到文章中去。他模拟细菌，以第一人称这样写道：

"我原想取名为微子，可惜中国的古人，已经用过了这名字，而且我嫌'子'字有点大人气，不如'儿'字谦卑。

"我的身躯，永远是那么幼小。人家由一粒细胞出身，能积成几千、几万、几万万。细胞变成一根青草、一棵白菜、一株挂满绿叶的大树，或变成一条蚯蚓、一只蜜蜂、一条大狗、一头大牛，乃至于大象、大鲸，看得见，摸得着。我呢，也是由一粒细胞出身，虽然分得格外快，格外多，但只恨它们不争气，不团结，所以变来变去，总是那般一盘散沙似的，孤单单的，一颗一颗，又短又细又寒酸。惭愧惭愧，因此今日自命作'菌儿'。为'儿'的原因，是小。

"至于'菌'字的来历，实在很复杂，很渺茫。屈原所作《离骚》中，有这么一句：'杂申椒与菌桂兮，岂惟纫夫蕙茝。'这里的'菌'，是指一种香木。这位失意的屈先生，拿它来比喻贤者，以讽刺楚王。我的老祖宗有没有那样清高，那样香气熏人，也无从查考。"此外，由于《菌儿自传》的章回形式和故事逻辑，高士其十分明确地把它称为科学小说。这也是源于中国古代小说的体裁。

《细菌的祖宗——生物的三元论》这篇文章还涉及了希腊神话和达尔文的物种进化。如他在文中写道：

"希腊神话中，奥林匹斯山上一切天神都是为人而有，如爱神司爱，战神司战，谷神司食，因为人而创出许多神来。我们古老国家的一切山神、土地、灶君、城隍也都是替人掌管，为人而虚设其位。

"这些渺渺茫茫之言论都含有一种自大性的表现，自以为人类是天之骄子，地球上的主人翁。

"自达尔文的《物种起源》出版，就给这种自大的观念迎头一个痛击。他用种种科学的事实，说明了人类的祖先是猴儿，猴儿的祖宗又是阿米巴（变形虫），一切的动物都是远亲近戚。这样一说，人类又有什么特别贵重呢？人类不过是靠一点小聪明，得到一些小遗产，走了幸运，做了生物的官，刮了地球的皮，屠杀动物，砍折植物，发掘矿物，以饱自己的肚皮，供自己的享乐，乃复造出种种邪说，自称为万物之灵。"

"饱谁的肚皮呀？"细菌学家布伦费尔先生反问道，"人类的肚子里还有长期的食客，短期的食客，来来往往临时的食客呀！"于是就引申出文章的题目与内容《细菌的大菜馆》。

高士其把莎士比亚《仲夏夜之梦》中豆花、蜘蛛网、小飞蛾、芥子等扮成的山林仙子，都巧妙地引进了他的《散花仙子》一文中。他写道："在生物的汪洋大海中，浮着无数奇形怪状的细胞岛。其间，有一岛，就叫作'节足'岛。'节足'岛上有一个大湖，湖的主人是'甲壳'仙翁，它的属下有螃蟹、龙虾、小虾、水蚤诸仙童。

"岛的陆地上的主人是'多足'仙翁。它的属下有'百足'仙童，有'千足'仙童。

"岛上有山，名叫垃圾山，山里有洞，叫作蜘蛛洞，洞主是蜘蛛仙姑。它的属下有小蜘蛛、八角虱、蝎诸仙子。"

从其中，我们还仿佛看到《封神演义》中三仙娘娘的身影。在高士其的笔下，昆虫们都具有了人性化和神性化的描述。

同时，他仿照莎士比亚著名的文学诗篇《人生七期》写成了科学的《人生七期》，写得如此自然，如此生动，而又如此地迥然不同，揭示了人生生理不同时期的固有特征。

不但如此，高士其还把童年生活的斗指游戏"大王、鸡、蚂蚁"写成了细菌与人的概论，揭示了细菌、植物、动物、生物循环链的关系，较早地阐述了人与自然、人与万物和谐的道理。

他甚至以福州故乡的石板路作为文章起始，写成了一篇洋洋洒洒从宇宙到地球，从山海到土壤，从菌类到植物，从植物到动物，从动物到人类，再从人类回到土壤中的蚂蚁、蚯蚓和细菌的浩瀚之中，即《地球的繁荣与土壤的劳动者》。篇幅不长，3000多字，却竖逾时间而横跨空间，气势十分宏阔，揭示了各种生命诞生之理和诞生前后的顺序变化。但这篇文章的开篇却是从这里写道：

"吾乡福州，环山抱海，在人迹来到之前，原是闽江北岸鼓山脚下一片荒地，几块乱石而已。后来，由苗民部落，而田舍、小村、小镇，而县城，而府治，而今日福建的省会，其间也曾做过好几年帝王的宫城，至今城内犹留下三座秀丽的小山——于山、乌石山及屏山，是当初的三块大石头，当苗民初来时，荆棘野草满目，不堪行人。后经他们一步一步地踏成羊肠小径，渐渐化为泥路。汉族移民到此，把它砌成为石子路，又改造为石板路。吾家在于山之麓，我幼时，到明伦小学去读书，天天从家里出来，要转好几个弯，这些石板路，是走得极其纯熟的了。谁知15年之后，回到故乡，已街道改观，不识旧人，三坊七巷之间，都是宽大平坦的马路了。"然后笔锋一转，马上进入从宏观到微观的世界之中。

《打花鼓的姑娘谈蚊子》则是一篇典型的以民俗、民风和民间艺术的形式来传播科学、普及科学的范文。文中形容打花鼓的姑娘：

"她一面咚咚咚地打着鼓儿，一面张开嗓子高唱道：

说弄堂，话弄堂，弄堂本是好地方，

自从出了疟蚊子，十人倒有九人慌，

大户人家挂纱帐，小户人家点蚊香，

奴家没有蚊香点，身带疟疾上病床。

"我想，这曲儿我们大家都很熟识，只那词儿却有些新鲜。这是值得注意的。她又接着唱了：

说弄堂，话弄堂，弄堂年年遭灾殃，

沟壑不修污水涨，孑孑变成蚊娘娘，

多少人家给它咬，多少人家得病亡，

卫生不把疟蚊灭，到处寒热到处昏。

"她能唱出这样含有科学知识的新歌曲，我想，这真是难得，又静听下去。

说弄堂，话弄堂，弄堂年年遭灾殃，

从前苍蝇争饭碗，如今蚊子动刀枪，

大街死去劳力汉，小弄哭着讨饭娘，

肚子还欠七分饱，哪有银钱买金霜。"

由此可见，科普化必须是本土化和民族化的，纵然是集古今中外之大成，立足于科学之上，也亦须立足于民族的基础上，才能为广大群众所喜闻乐见。这也是思维相似性的原理所决定的。比如，日本卡通片《一休的故事》《铁臂阿童木》，都是如此。

高士其还把他在美国首次上细菌课的情况写成了《细菌学的第一课》，描述了学习科学的趣味和幽默，而不是枯燥乏味，虽然是在异国他乡，风情迥异，但却充满了高度的民族自尊和爱国精神。

他甚至还以"平等"为题，创作了一首高士其特有的科学、政治抒情诗来抨击社会的不平等。在这首诗中，他写道：

"在电子世界里，宇宙是平等的；在原子世界里，物质是平等的；在细胞的世界里，生物是平等的；在民主的世界里，人民是平等的。"

至于爱因斯坦的相对论，马克思主义哲学和恩格斯的自然辩证法也见诸他的第一篇科学诗，也是中国的第一篇科学诗《天的进行曲》中。如该诗三十二节：

爱因斯坦说：

宇宙的空间不是不可思议的无限，

而是具有物质弯曲的有限，

从空间的某一个起点出发，

过了无数光年以后，

仍然要回到原处，

不过空间是没有固定的状态的。

三十三节：

爱因斯坦根据这种空间有限的假设，

提出了宇宙力场的学说，

来解释星云运动的现象；

宇宙力场说就是根据相对论的原理，

爱因斯坦看出了运动的另外一面，

爱因斯坦看出了运动的矛盾性。

三十五节：

谁知道，谁知道，

在爱因斯坦提出了相对论以前，

早就有恩格斯的预见了。

恩格斯在他的《自然辩证法》里面，

早就说明了运动的矛盾性了。

三十六节：

恩格斯说：

一切运动的基本形态，

就是集合和分散，

就是紧缩和膨胀，

就是吸引和排斥。

三十八节：

不论是哪一种的物质，

不论是哪一种的运动，

都是对立的统一，

也都是分离的相互关系，

当它们是统一的时候，

它们是对立的；

当它们是分散的时候，

它们是相互关联的。

三十九节：

当生物是统一体的时候，

雌和雄是对立的；

当原子是统一体的时候，

质子和电子是对立的；

当太阳系是统一体的时候，

太阳和行星是对立的；

当星云是统一体的时候，

星云的引力和它的拒能是对立的。

而结论是什么呢？我在诗中继续写道……

四十节：

天里面有人，人里面也有天，

天里面的人是什么？

是地球的人。

人里面的天是什么？

是人身上的电子和质子。

地上面有人，

人上面也有地。

地上面的人是什么？

是两条腿会跑路的人。

人上面的地是什么？

是血里的铁和骨头里的钙和磷。

这样看来，

天和地和人虽然是分离的，

却是互相关联着的。

四十一节：

科学家和哲学家都得到同样的结论：

天也是矛盾和统一的整体，天也是从不断的斗争中成长起来的，

天不是不变的天，

天不是死硬派的天，

天不是顽固分子的天；

太阳不是天空的独裁者，

而是太阳系的领袖，

太阳和其他的恒星一样，

都是天国里的人民；

星云不过是一个大家庭，

地球不过是一个小孩子，

天是人民的天哪！

总之，高士其的作品纵横时空，涵盖人类历史的各个阶段，从中世纪大规模的瘟疫流行，到第一次世界大战的"战壕热"都一一展现在他的卷帙浩瀚的作品之中。

他甚至预见到日本帝国主义细菌战的发生，并告诉人民预防的知识与方法。高士其除了具有科学家固有的科学预见精神之外，还对社会发展规律有着深刻的洞悉，这在高士其的作品中也是屡见不鲜的，如《天的进行曲》预言了国民党反动派的失败；《生命进行曲》预言了"四人帮"反动路线的灭亡，而

《让科学技术为祖国贡献才华》一诗则吹响了全民向科学进军的号角。

高士其深刻的洞察力来源于何处？这也是一个秘密，是一般人无法想象与猜测的秘密。因为这是高老从小对《周易》学习的结果。他从告别家乡到清华学习，从赴美留学到归国创作，从奔向延安到"十年动荡的战乱生活"中，始终随身携带一本《周易》。这一史实见诸高士其的《桂东回忆录》会见柳亚子先生一章中，他这样写道：

"邵荃麟同志介绍了我的情况……我的顽强意志以及临危不惧的精神使亚子先生有点惊讶。我们虽是初次见面，但对我的印象是别有一番滋味。他问我：'你研究《周易》有什么心得？'我说：'从八卦中我发现了科学字母。其最典型如下……

"'从八卦中我又发现了趣味数学和几何，数学是乘法表、开平方表和开立方表。如下……

"'几何是三角形阶梯表，可以演算平方，也可以演算立方，如下……'

"我把研究成果的内涵和原理向他做了一番介绍。他表示很有兴趣，有机会想做进一步的了解。

"之后，我们又做了一些其他方面的交谈，包括战局、抗战以后中国往何处去等等。

"谈到我的那本《周易》，那还是竖排版本、世袭文化遗书，几经周折，没有破损，没有被蛀虫腐蚀。不远万里从上海亭子间经过战争的烽火，在兵荒马乱的时期经历了许多艰难险阻，随身携带保存下来的，只是书的外貌变得又黄又旧，成了古色古香的珍品了。"

由此可见，儒、道、佛乃至基督教的文化和哲学原理，高士其都已涉猎，并将它们彼此交融。实际上，他在学习西方哲学的同时，也一直在对东方哲学进行研究，并融汇于马克思主义的哲学中去。这使得他对事物、社会和自然发展的规律有独到的、准确的见解。

综上所述，我们可以看到高士其的作品是以文化、科学、哲学、文学乃至诗歌全副武装起来的，在这里已经没有什么东方与西方、科学与文化、文学与哲学来作为卷首，作为结尾，作为主轴的单一比喻了。而是你中有我、我中有你，科学中有文学、文学中有科学，科学中有文化、文化中有科学，科学中有哲学、哲学中有科学的鸿篇巨制，包括古今中外人类历史上的一切文化、科学、哲学都彼此地、有机地交融与结合在一起。

高士其以他的创作实践告诉人们科普创作不是一项孤立的工作，而是要与科学、文化、哲学、思维科学、心理学、教育学、文学、艺术、诗歌、神话、童话乃至民俗民风相结合，让它们都为科普创作服务，只有这样才能搞好科普创作，也只有这样才能为人民群众所喜闻乐见。

由此可见，高士其的创作取材之广，内容之丰，都是前所未有的。但我们希望后有来者，这就要沿着高士其集大成的学习精神和创作精神前进。只有这样，才能产生科普上、文学上的无数高士其。

三、高士其的科学诗

高士其写了《我们的土壤妈妈》《时间伯伯》《电姑娘》《光的进行曲》《灰尘的旅行》《空气》等诸多诗篇。他把他固有的幽默风趣集中体现在科学诗的创作上，鼓舞和激励了数代青少年的成长和发展，引导他们走向科学的道路。

读了高士其回忆录，我们会深切地感到，高士其的一切作品是在厚积薄发的基础上产生的，他的才华与能量远远未有发挥出来。

因此，走高士其的路，必须是文、理、哲三者并重，唯有如此，才能成为真正的大家，社会与民族的大家，世界与人类的大家。因此，从这里，我们可以看出，高士其是用人类的科学、文化、哲学全副武装起来的科学家、作家，也唯有如此，才能成为领导千千万万的人走向科学道路的教育家。这样的科普是可持续发展的科普，后劲无穷亦无竭的科普；也是大文化范畴中的科普，大哲学范畴中的科普。而本身也是充满生命力的大科普，因为它反映了社会、时代的整体性。

在上海的亭子间里，高士其的创作虽然纵横捭阖、恣肆汪洋，但并非一蹴而就，而是充满了艰辛和挫折。他在1936年3月31日的日记中这样写道："思想吃力不讨好，写来写去，写了又换，大半天的工夫，只写成不及700字，可怜哪！这样笨拙的脑筋与手腕。"写的是《毒菌的战略之二——毒的分析》。

实际上高士其的英文写作远远胜于他的中文，他一度对自己的中文写作没有信心，陶行知先生鼓励他说："写文就是写话，平白如话而言简意赅，平白如话而蕴有深意。"看一看他那时期的日记，就知道他创作之艰辛，但贵在有恒，贵在毅力，贵在坚持，也贵在集成，更贵在人民性的大我精神。这是高士其之所以成为高士其的根本因素。

四、高士其的人民性

高士其对人民的热爱，一是源于高士其的天性，他生性乐观、幽默、开朗，喜交友，善与人处，爱以兄弟姐妹相称。他从小接受传统文化，四书五经教育，懂得"仁者爱人"的道理。而家族祖传的《周易》中的两句话，"天行健，君子以自强不息；地势坤，君子以厚德载物"与清华校训是完全一致的。30年代于上海期间，陶行知的平民教育，大众文化和爱满天下的观念，对他的社会实践有进一步的启迪意义。

高士其曾经说道："我是浪漫的，也是现实的。"高士其经历了多种文化的熏陶，但最终他在现实生活的利益冲突和尖锐矛盾中选择了大同和合的共产主义理想。因为他认为这是解决社会危机和人民苦难的一剂良方。

高士其本性善良，为人和蔼，具有极强的亲和力与感召力，令人对他的疾病产生深刻的同情，也使人愿意以他的工作为工作，以他的事业为事业。因为他的工作与事业是给予，是赋予，是施予，是把自己的所学回报给人民，是引导青少年儿童走向科学的未来。

由此可见，高士其的人民性也是来源于文化，是文化所孕育的，科学所奠定的，哲学所指导的，而文化的重要性和基础作用是不言而喻的。所谓文人，实际上就是人文，人文思想、人文精神、人文关怀、人文挚爱，而通俗地讲就是热爱人类、热爱人民、热爱儿童。这一特点在高士其的身上体现得格外突出，同时他也是爱憎分明的，对一切邪恶从不姑息，从不与之同流合污。

在离开上海的前夜，高士其与他的表弟高士坦的谈话中多次表示，要到前线去和日本人拼命。在广州三联书店遭到国民党特务砸毁时，他愤怒地挣扎着从三楼冲了下来，要和特务们进行斗争。他的行为感动和鼓舞了在场的许多同志。实际上他的身体条件不允许他拿枪上前线。命运之神没有做这样的安排，但是一个战士的使命并未放弃，他拿起笔来做武器，猛烈地抨击日本帝国主义的侵略和国民党的腐朽统治。1931年，他作为中国仅有的五个微生物学家、细菌学家之一，受聘于南京中央医院任检验科主任，但一个正直、善良的科学家的秉性与贪污腐败、媚上欺下的官僚作风格格不入，尤其不能忍受医院拒绝为贫苦大众看病，遂毅然辞职。

1937年，他来到延安后由衷地感到兴奋与喜悦，因为这儿充满了艰苦奋斗的精神和昂扬的抗日激情。但有一天高士其看到当地的老人患了感冒到医务所来求助，值班护士对他说："我们的诊所只为机关、干部服务，老乡的病我们管不了。"高士其用颤抖的手为老人在鼻翼、脑后推拿、按摩了几下，又把自己离开上海时随身带的感冒药分给老人。老人病愈后挑来一担西瓜表示感谢，高士其不肯收，推来让去。最后，老人留下了一个最大的西瓜，才把担子挑走。

这件事对高士其的触动很大，他特地召集医护人员在自己住的窑洞里开了一个"革命医学座谈会"，并让陈世富把老人留下的大西瓜切开，请大家边吃边谈。他说明这西瓜的来历之后，提出了一个医德的问题，要大家一起讨论。会议开得紧张而热烈。最后大家公推高士其起草延安的医德标准。高士其提笔在用土纸订成的笔记本上写道："医生要为人民服务，要讲医德，这就是人道主义的革命精神，在医生眼里病人就是病人，没有三六九等的差别，以救死扶伤为最高准则。要为老年人和盲、哑、聋、残提供特别的服务。医护人员要深入群众，到工农兵中去宣传卫生、保健知识，以预防为主应该作为长期的方针，做到人人健康，这是抗战所需要的。"

中华人民共和国成立以后，高士其生活在人民之中。他对一切人都是友爱的、平等的。他甚至到了老年都不厌倦人，每天接待四面八方的来访者和少年儿童。

1958年，周恩来总理批准在建国门古观象台旁，为高士其建立一座符合他身体状况和生活需要的特殊住宅，并圈以很大的院落。但高士其认为与机关的同志们离得太远了，隔绝了与群众的联系，他更愿意在机关大楼旁安家。于是就在全国科协所在地建立了一幢普通的二层小楼，这就是今天被人们所称为的"高士其小楼"。

小楼落成以后，每逢星期六、日，节假日都宾客盈门，络绎不绝。在三年严重灾害时期，机关的同事和青年朋友们经常在这里可以享受到高士其为他们提供的香烟、奶糖、饼干等稀有物品。记得60年代初期，每天下班后，高士其喜欢在机关大门口等候下班的人们，与之亲切地交谈。

在父亲身边的几十年间，我从不记得他恨过什么人，耿耿于怀过什么人。因为没有什么事情可以让他难以释怀，因为他是一个大写的人，他是属于人民的人，他把自己和人民融为一体，并为了他所爱的人民和青少年，孜孜不倦地从事创作，从他的创作中，他仿佛看到了祖国的美好未来和人类的整体升华。正如高士其在他晚年的一段格言哲理警句中说道："不能设想，人类社会如果没有知识能够发展到今天，或许，人类早已消亡，或许，人类还在黑暗的深渊中踽踽行走。的确，没有知识，人类就不可能把自己塑造成具有高度理性思维的崇高形象。"这不仅是一种思想和精神，也正是高士其的人民性之所在。

历史发展到今天，新的时代，新的世纪，我们有必要重新审视高士其，走近高士其，理解高士其，与高士其的精神融为一体。

70年前，高士其把带"人"字旁，"金"字旁的名字改掉了，他毅然宣布"扔掉人旁不做官，扔掉金旁不要钱"，这黄钟大吕般的振聋发聩的声音，标志着高士其从小我、个我、私我走向了大我、忘我乃至无我的境界。

这一境界是什么呢？这就是中国五千年乃至八千年传统文化的圣贤精神，高士其恰恰就是圣贤精神的一个继承人，一个代表。看到人民的苦难、民族的危厄，高士其毅然宣布放弃自己的一切私利而无所畏惧地去追求真理和大光明境界，这就是高士其改名的意义。宛如邓小平的幼年，他的名字叫"邓先圣"，11岁时，又改名为"邓希贤"。17岁赴法国勤工俭学时，才改名为"邓小平"，这意味着他与人民更加地接近与平等。可以说，这二者的意义是如出一辙而无分别的。

同时，高士其是人类现代精神的立交桥，融汇了科学、文化、政治、教育等。五四运动，新文化运动，左翼联盟，乃至中国革命的历史进程，莫不与之息息相关。为此，他是立体的，他汇聚了多方面的意义和象征。

今天，我们读高士其的书，走高士其的路，成为高士其一样的人；成为高士其那样的科学家，高士其那样的作家，高士其那样的教育家；成为具有高士其精神的在各种工作岗位与领域的人才和栋梁，依然是时代的呼唤，社会的呼唤和人民的呼唤。

由此我们可以说，永恒的高士其，永恒的经典，人类的高士其，人类的经典。因为高士其和他的作品都是在集大成的基础上而诞生的，集大成的东西是优秀的，而优秀的东西也都是集大成的。

高志其

2008年10月20日

读《细菌世界历险记》有感

　　说到细菌，大家第一感觉往往是肮脏，因为我们生病大多与细菌有关，比如感冒、拉肚子、伤口感染……看过《细菌世界历险记》之后，你会发现细菌其实并没那么可怕。

　　原来，细菌是地球上最早的生物之一，还是我们人类离不开的生物。它们有的生活在水里，有的生活在土壤里，在人类和动植物的身上也能找到它们的痕迹，而且这些细菌各有各的特点与本领。比如乳酸杆菌、发酵菌、丝菌、霉菌等，它们为我们做出的贡献可不小呢。在我们喝的酸牛奶里，吃的可口的泡菜中，都有乳酸杆菌的种族。发酵菌的功劳是能把一瓶葡萄汁变成上等的美酒，把一块普通的面团变成一块美味的面包。酱油、豆腐乳、大酱都离不开霉菌。

　　但也有一些细菌会对我们的身体产生危害。比如我们的口腔为细菌创造了舒适的生存环境，也为致病菌的滋生提供了条件。稍不注意，口腔溃疡、牙周炎等就会扰得人不得安宁。常见的肺炎链球菌则寄居在我们的呼吸道里，在外部温湿度适宜的情况下，这种细菌与我们的身体相安无事，当受凉、过度疲劳、受伤等导致身体免疫力下降时，这种细菌就会导致疾病。

　　随着科学事业的发展，人们正在逐步掌握细菌的种种特性，一旦发现致病菌，就及时采用各种手段消灭它们。比如在人口密集的地方、发生水灾或地震等自然灾害的现场喷洒消毒液，能有效预防传染病的发生。还有被运用在牛奶中的巴氏消毒技术，只需要把牛奶加热至七八十摄氏度，经过十几秒甚至几秒钟，牛奶里的结核菌、伤寒菌等怕热的微生物就会被杀死，而乳酸菌等有益菌仍然可以存活，继续为人们服务。

　　不过，我们还是不能大意，一定要做好个人卫生，才不至于招惹到它们。希望我的小伙伴们有空也看看这本介绍细菌的"兵书"。

小考真题回放

① 山东青岛黄岛区卷 ••••••••••••••••••••••••••••••••

名著阅读。

我幸而没有被烧死，逃过了这火关，就痛快地大吃了一顿，把这一瓶清清的羊肉汤搅浑得不成样子了，仿佛是乱云飞絮似的上下浮沉。那阔嘴的神父，看了又看，又挑了一滴放在显微镜下再看，看完之后，就大吹大擂起来了。他说："我已经烧尽了这瓶子里的生命，怎么又会变出这许多来了？这显然是微生物从羊肉汤里自然而然地产生出来的呀！"

我听了又好气又好笑。

（1）选文出自我国的科普名著_____，作者是_____。

（2）文中有一个成语，形容神父大肆宣扬自己研究成果的样子，这个成语是_____。

请用它再造一个句子：_____

_____

（3）细菌听了神父的话为什么觉得又好气又好笑?

_____

② 甘肃银川金凤区卷 ••••••••••••••••••••••••••••••••

阅读下列文字，回答问题。

河水于我，本有恩无仇。无奈河水里常常伏着两种坏东西，在威胁我的生存。它们也是微生物。我看它们是微生物界的捣乱分子，专门和我做对头。

一种比我大些，它是动物界里的小弟弟。科学先生叫它"原虫"，恭维它做虫的"原始宗亲"。我看它倒是污水烂泥里的流氓强盗。最讨厌的是那鞭毛体的原虫。它的鞭毛，比我的又粗又大，也活动得厉害，只要那么一卷，便把我一口吞吃而消化了。

它的家庭建筑在我的坟墓上，我恨不恨！

　　一种比我还要小几百倍，很自由地钻进我身子里，去胀破我那已经很紧的细胞，因此科学先生就唤它"噬菌体"。你看它的名字就已明白，它是和我作对的。它真是小鬼中的小鬼！

　　水，什么水？是湖水。静静的，平平的，明净如镜，树影蹲在那儿，白天为太阳哥拂尘，晚上给月亮姐洗面，没有船去搅它，没有风去动它，绝不起波纹。在这当儿，我也知道湖上没有什么好买卖，也就悄悄地沉到湖底归隐去了。

　　这时候，科学先生，在湖面寻不着我，在湖心也寻不出我，于是他又夸奖那停着不动的湖水有自清的能力呀。

　　可是，游人一至，游船一开，在酣歌醉舞中，瓜皮与果壳乱抛，在载言载笑间，鼻涕和痰花四溅，那湖水的情形又不同了。

　　（1）河水中细菌的两个敌人是什么？

　　_____

　　_____

　　（2）文中有一段优美的景物描写，请找找看这段景物描写用了哪些修辞手法？这样写有什么作用？

　　_____

　　_____

　　（3）科学先生在湖面和湖心找不到细菌的身影，那么细菌到哪里去了呢？它为什么到这个地方？

　　_____

　　_____

　　_____

　　（4）根据选文的内容，请给景区的游览者提出一些建议。

　　_____

　　_____

　　_____

3 吉林长春双阳区卷 ·······································

阅读了高士其先生的《细菌世界历险记》后，请解释下列画线成语的意思。

我在他们的娇养之下，无忧无虑，不愁衣食，也"乐不思蜀"了。

_____

_____

_____

阅读自我测试

❶填空题。

（1）《细菌世界历险记》的作者是我国著名科普作家＿＿＿＿＿＿＿，《菌儿自传》是以第＿＿＿＿人称写成的。

（2）一般土壤里很少见到酵儿，它们经常待在果园、葡萄园的＿＿＿＿＿＿土壤里。

（3）在土壤里，细菌不仅能分解腐物，还能和＿＿＿＿＿＿之类的植物合作。

❷选择题。

（1）"菌儿"最不喜欢什么温度？（　　　）

　　A. 高温　　B. 低温　　C. 正常

（2）只需在每100立方毫米的清水里放入多少克盐酸就觉得酸？（　　　）

　　A. 0.25克　　B. 0.07克　　C. 0.007克

（3）谁是吃死肉的那一房细菌代表？（　　　）

　　A. 厌氧杆儿　　B. 哮儿　　C. 变形杆儿

（4）哪个细菌是猩红热正凶？（　　　）

　　A. 肺炎双球菌　　B. 溶血性链球菌　　C. 流行性感冒病菌

（5）像菊花似的细菌是谁？（　　　）

　　A. 丝菌　　B. 枝菌　　C. 放线菌

（6）"菌儿"的眼睛比苍蝇还小多少倍？（　　　）

　　A. 2000倍　　B. 1000倍　　C. 10000倍

（7）乳汁里的脂肪有：液脂、磷脂、（　　　）等。

　　A. 软脂　　B. 固脂　　C. 抽脂

（8）细菌8小时后变成几个？（　　　）

　　A. 160000　　B. 500　　C. 16000000

❸简答题。

（1）细菌的魔窟有七处，是哪七处？

_____

（2）红血球是菌儿爱吃的，菌儿有哪五种法子去抢红血球吃呢？

_____

❹阅读下列文字，回答问题。

酵素的能力虽大，它的活动却也受了环境的限制。环境中有种种势力都足以阻挠它的工作，甚至于破坏它的完整。

环境的温度就是一种主要的势力。在低温度里，它的工作甚为迟缓，温度一高过70℃，它就很快地感受到威胁而停顿了。由35℃到50℃之间，是它最活跃的时候。我有一种分解蛋白质的酵素，能短期地经过沸点热力的攻击而不灭，那是酵素中最顽强的一员了。

此外，我的酵素，也怕阳光的照耀，尤其怕阳光中的紫外线，也怕电流的振荡，也怕强酸的浸润，也怕汞、镍、钴、锌、银、金之类的重金属的盐的侵害，也怕……

我不厌其详地叙述酵素的情形，因为它是生物界一大特色，是消化与抵抗作用的武器，是细胞生命的靠山，尤其是我清除腐物的巧妙的工具。

（1）当温度达到_____时酵素的工作停顿。

（2）在叙述酵素的作用时，作者用的修辞手法是哪一种？这样写有什么好处？

_____

（3）请找出文中的一个成语并解释它的意思，然后用它写一个句子。

_____

····参考答案····

科学童话：菌儿自传

我的名称

　　1. ×　2. CAB

我的籍贯

　　1. 37℃　100℃　2. A

我的家庭生活

　　1. ×　2. C

无情的火

　　1. √　2. 有细菌混入

水国纪游

　　1. 5　2. BCA

生计问题

　　1. ×　2. 消化力

呼吸道的探险

　　1. 盲肠　2. ×

肺港之役

　　1. ×　2. BCA

吃血的经验

　　1. √　2. 血色素

乳峰的回顾

　　1. 60℃　2. ×

食道的占领

　　1. 大肠杆菌　2. ×

肠腔里的会议

　　1. 腊肠毒杆儿　2. √

清除腐物

　　1. 35℃　50℃　2. ×

土壤革命

　　1. √　2. 酸性

经济关系

    1. ×　2. 豆科

科学小品：**细菌与人**

色——谈色盲

    1. ×　2. 红

声——爆竹声中话耳鼓

    1. 12～21　25　2. ABC

香——谈气味

    1. 鼻子　2. √

味——说吃苦

    1. ×　2. 500

细菌的衣食住行

    1. 荚膜　2. √

细菌的大菜馆

    1. B　2. 20

细菌的形态

    1. √　2. B　A

细菌的祖宗——生物的三元论

    1. √　2. 阿米巴　青苔　细菌

清水和浊水

    1. CBA　2. 卡文迪什

细菌学的第一课

    1. ABCDF　2. 芝加哥大学的立克馆

凶手在哪儿

    1.

人窟　　　破伤风毒菌
虫窟　　　麻风菌
水窟　　　牛羊的炭疽病
食窟　　　斑疹伤寒
土窟　　　腊肠毒菌
皮窟　　　脑膜炎
兽窟　　　痢菌

2. 双球菌

科学趣谈： 细胞的不死精神

细胞的不死精神

　　1. 细胞　2. ABC

民主的纤毛细胞

　　1. 变形虫　鞭毛虫　纤毛虫　孢子虫

　　2. √

纸的故事

　　1. 东汉　蔡伦　2. ABCD

灰尘的旅行

　　1. BAC　2. 8万　8

镜子的故事

　　1. 1800　2. C

热的旅行

　　1. 接触传热　流动传热　辐射传热　2. √

温度和温度计

　　1. ×　2. A　B

从历史的窗口看技术革命

　　1. 瓦特　2. B

衣料会议

　　1. 碳水化合物　2. AB

谈寿命

　　1. 20到30　2. ×

未来的旅行

　　1. 无线电装置　2. ×

大海的宝藏

　　AB

大力宣传戒烟

　　1. ×　2. ABC

笑

　　1. ×　2. 神经反射

梦幻小说

　　1. ×　　2. 过去　现在　未来

小考真题回放

❶（1）《细菌世界历险记》　高士其

　　（2）大吹大擂　　自己大吹大擂是一种心虚的表现，自信的人反而更加谦虚诚实。

　　（3）因为神父自以为是的判断是错误的，微生物并不是从羊肉汤里自然生长出来的，而是在煮羊肉汤之前就潜入里面的。因为温度没有达到一定的程度，所以微生物并没有被杀死，而神父误以为微生物是羊肉汤自然生成的。

❷（1）原虫和噬菌体。

　　（2）比喻、拟人。运用多种修辞手法更加形象生动地写出了水的平静，使语言更加优美动人、活泼有趣，使原本枯燥的科学知识变得趣味盎然，引起小读者的阅读兴趣，有利于科学知识的推广。

　　（3）细菌沉到湖底了。因为湖面上有原虫和噬菌体在清理湖水，细菌为了躲避这两种敌人只好躲到湖底。

　　（4）建议大家在景区游览时，不要乱扔垃圾，最好把垃圾扔到垃圾桶里面，这样既保持了景区的洁净，同时又避免了细菌的滋生与传播。

❸ 原指蜀后主刘禅甘心为虏不思复国。后比喻在新环境中得到乐趣，不再想回到原来的环境中去。

阅读自我测试

❶（1）高士其　一　　（2）酸性　　（3）豆科

❷（1）A　　（2）C　　（3）C　　（4）B

　　（5）C　　（6）B　　（7）A　　（8）C

❸（1）水窟、人窟、食窟、虫窟、兽窟、土窟、皮窟。

　　（2）要看天时；要看地利；要看"我"的群力；要看"我"的战术；要看"我"的武器。

❹（1）70°C

　　（2）排比修辞。作者用了"是……是……是……"的句式，将酵素的作用一一列举出来，一气呵成，句式整齐，带来阅读的美感。

　　（3）不厌其详：不嫌详细。　　学习中，遇到不懂的问题，老师总是不厌其详地一遍又一遍给我解释。

我的阅读记录卡

学校：　　　　　　班级：　　　　　　姓名：

浅阅读：

☆读完本书，你认识了哪几种细菌？掌握了几个关于细菌的知识？

☆本书是否让你对细菌的看法有所改变？说说你的意见。

☆读完本书，请说说你的收获是什么。

深阅读：

☆如果你变成了一个小小的细菌，你会展开一次怎样的旅行？发挥想象写出来。

☆动动手，任选一种细菌，为它做一个细菌关系图表，讲清楚这种细菌的特点。

读者反馈卡

感谢您购买《细菌世界历险记》，祝贺您正式成为了我们的"热心读者"，请您认真填写下列信息，以便我们和您联系。您如有作品和此表一同寄来，我们将优先采用您的作品。

读者档案

姓名_____ 年级_____

电话_____ QQ号码_____

学校名称_____

班级_____ 邮编_____

通信地址_____省_____市（县）_____区

（乡/镇）_____街道（村）

任课老师及联系电话_____ 课本版本_____

您认为本书的优点是_____

您认为本书的缺点是_____

您对本书的建议是_____

_____

您在使用过程中发现的错误，可另附页。

联系我们：北教小雨文化传媒（北京）有限公司

地址：北京市北三环中路6号北京教育出版社

邮编：100120

联系人：北教小雨编辑部

联系电话：010-82012300

邮箱：beijiaoxiaoyu@163.com

*此表可复印或抄写寄至上述地址

请沿此虚线剪下 ✂

编者声明

　　本书的编选，参阅了一些报刊和著作。由于联系上的困难，我们与部分作者未能取得联系，谨致深深的歉意。敬请原作者见到本书后，及时与我们联系，以便我们按国家有关规定支付稿酬并赠送样书。

　　联系人：北教小雨编辑部

　　地　址：北京市北三环中路6号北京教育出版社

　　邮　编：100120

　　电　话：010-82012300